Miniaturisierung und Integration der Optischen Kohärenztomographie (OCT) in biomedizinische Produktionsprozesse

Von der Fakultät für Maschinenwesen
der Rheinisch-Westfälischen Technischen Hochschule Aachen
zur Erlangung des akademischen Grades eines
Doktors der Ingenieurwissenschaften
genehmigte Dissertation

vorgelegt von

Klaus Eder

Berichter:

Univ.-Prof. Dr.-Ing. Robert Heinrich Schmitt
Univ.-Prof. Dr.-Ing. Dr. h.c. (BR) Prof. h.c. (TJ) Dr. h.c. Prof. h.c. (VRC) Tilo Pfeifer

Tag der mündlichen Prüfung: 11. Mai 2010

ERGEBNISSE AUS DER PRODUKTIONSTECHNIK

Klaus Eder

Miniaturisierung und Integration der Optischen Kohärenztomographie (OCT) in biomedizinische Produktionsprozesse

Herausgeber:
Prof. Dr.-Ing. Dr.-Ing. E.h. Dr. h.c. F. Klocke
Prof. Dr.-Ing. Dipl.-Wirt.Ing. G. Schuh
Prof. Dr.-Ing. C. Brecher
Prof. Dr.-Ing. R. Schmitt

Band 14/2010

WZL
RWTHAACHEN

Fraunhofer
IPT

Bibliografische Information der Deutschen Nationalbibliothek
Die Deutsche Nationalbibliothek verzeichnet diese Publikation in der Deutschen Nationalbibliografie; detaillierte bibliografische Daten sind im Internet über http://dnb.ddb.de abrufbar.

Klaus Eder:

Miniaturisierung und Integration der Optischen Kohärenztomographie (OCT) in biomedizinische Produktionsprozesse

1. Auflage, 2010

Gedruckt auf holz- und säurefreiem Papier, 100% chlorfrei gebleicht.

Wissenschaftsverlag des Instituts für Industriekommunikation und Fachmedien an der RWTH Aachen
Steinbachstr. 25, 52074 Aachen
Internet: www.apprimus-verlag.de, E-Mail: info@apprimus-verlag.de

Druck: CPI Druckdienstleistungen GmbH, Ferdinand-Jühlke-Straße 7 I 99095 Erfurt

ISBN 978-3-940565-65-5

D 82 (Diss. RWTH Aachen University, 2010)

Vorwort

Diese Arbeit entstand während meiner Tätigkeit als wissenschaftlicher Mitarbeiter am Fraunhofer-Institut für Produktionstechnologie IPT in Aachen. Bei der Erstellung dieser Arbeit erhielt ich Unterstützung von zahlreichen Menschen, denen ich auf diesem Weg danken möchte.

Allen voran möchte ich Herrn Professor Robert Schmitt herzlich danken für die wissenschaftliche Betreuung dieser Dissertation sowie für die vielen interessanten fachlichen Gespräche. Darüber hinaus gilt ebenso mein Dank Herrn Professor Tilo Pfeifer für die Durchsicht meine Dissertation.

Entscheidend beigetragen zum erfolgreichen Abschluss dieser Arbeit haben auch die zahlreichen aktiven und ehemaligen Kollegen des IPT und WZL, die mich über den fachlichen Austausch und beim Korrekturlesen der Dissertation unterstützt haben. Vor diesem Hintergrund haben meine Kollegen der Gruppe Produktionsmesstechnik meinen besonderer Dank, allen voran Stephan Bichmann, Friedel Koerfer, Niels König, Ingo Krohne, Ulrich Marx und Karl Vielhaber sowie meine studentischen Mitarbeitern Michael Haslöver und Robert Bialas. Aber auch diejenigen Freunde, die mich jenseits des Instituts auf diesem Weg begleitet haben, haben an dieser Stelle meinen Dank verdient.

Ganz besonders möchte ich meinen Eltern danken, die mich stets unterstützt haben und mir diesen Weg ermöglicht haben. Abschließend möchte ich meiner Verlobten Sarah dafür danken, dass sie mich auch in der hektischen Abschlussphase der Promotion unterstützt hat und so dazu beigetragen hat, dass ich meine Assistentenzeit in Aachen stets in bester Erinnerung behalten werde.

Ulm, im Juli 2010

Klaus Eder

Inhaltsverzeichnis

Abbildungsverzeichnis

Kapitel 1

Einleitung

1.1 Notwendigkeit der Messtechnik in der Herstellung künstlicher Gewebe

Das „Tissue Engineering" (TE) ist ein interdisziplinäres Forschungsfeld, das Methoden und Technologien aus den Bereichen der Biologie, der Medizin und der Ingenieurswissenschaften vereint. Ziel der Bestrebungen auf diesem Gebiet ist es, zellbasierte Ansätze zu entwickeln, um die Funktion geschädigter Organe oder Gewebe wiederherzustellen oder zu verbessern. Dies kann geschehen, in dem beispielsweise Zellen aus Spendergewebe extrahiert und zwecks späterer Implantation im Labor kultiviert bzw. modifiziert werden. Häufig werden diese Zellen in Gerüste aus biokompatiblen Materialien eingebettet, welche Form und Struktur körpereigener Gewebe nachahmen sollen. Auf diese Weise ist es heute möglich, biologisch funktionalen Gewebeersatz wie beispielsweise künstliche Haut oder künstlichen Knorpel zu züchten. Sowohl die Entwicklung der zellulären Kultivierungsprozesse als auch das Design und die Generierung neuer Materialien sind daher zentrale Bestandteile des Tissue Engineerings [MMHW08].

Die klinische und gesellschaftliche Relevanz dieser Arbeiten spiegelt sich vor allem in den aktuellen Trends im Gesundheitswesen wider: eine stets älter werdende Bevölkerung in den Industrienationen, steigende Kosten der medizinischen Versorgung sowie die Forderung nach schonenderen und individualisierten Behandlungsmethoden. Mit den Methoden des Tissue Engineerings soll es in Zukunft möglich sein, Organ- und Gewebetransplantate aus körpereigenen Zellen herzustellen, um damit Zivilisationskrankheiten wie etwa Gelenkarthrose oder Arteriosklerose schnell und mit einem minimalen Risiko von Immunreaktionen des Körpers zu therapieren.

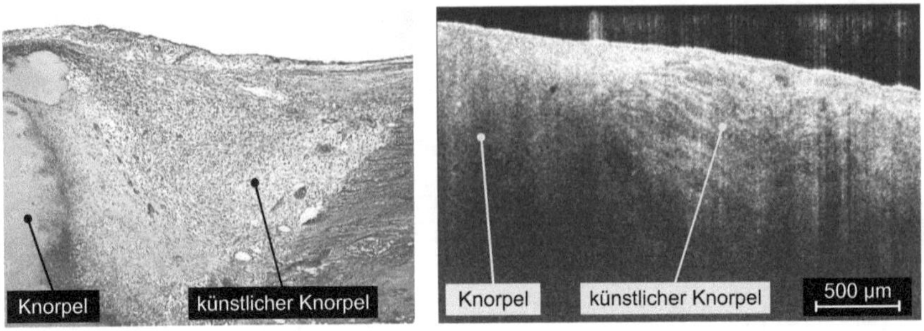

Abbildung 1.1: Vergleich zwischen einer Histologie (links) und einem OCT-Bild (rechts) von Knorpel, der mittels künstlichen Knorpelersatz repariert wurde.

Diese Vision wird derzeit von zahlreichen nationalen und internationalen Institutionen aufgegriffen und in Form von Förderprogrammen stark vorangetrieben. Aus diesem Grund zählt das Tissue Engineering heute zu den Gebieten der biomedizinischen Forschung mit der höchsten Entwicklungsdynamik [BIRC03].

Die Herstellung von Tissue Engineering Produkten erfolgt größtenteils im Labor mittels konventioneller biomedizinischer Methoden. Obwohl einzelne Teilprozesse maschinell durchgeführt werden, gehört die Automatisierung gesamter TE-Prozessketten nicht zum Stand der Technik [AW05]. Dies schließt insbesondere auch die eingesetzten Methoden der Qualitätssicherung ein, die entweder auf zerstörende Verfahren, wie etwa histologischen Mikroskopieschnitten (Abb. 1.1, links) beruhen, oder aber in Form von „offline"-Laboranalysen durchgeführt werden, und damit Qualitätsregelschleifen mit langen Totzeiten zur Folge haben. Die daraus resultierende hohe Anzahl an manuellen Arbeitsschritten und Prozessschwankungen führt derzeit zu hohen Stückkosten und damit eine geringe Akzeptanz bei den Anwendern und den Krankenkassen. Aus diesem Grund konnte der wirtschaftliche Nutzen von Tissue Engineering Produkten bislang gegenüber konventionellen Behandlungsmethoden nicht nachgewiesen werden [BRC05]. Damit der zukünftige Bedarf an Tissue Engineering Produkten jedoch befriedigt werden kann, muss bei der Entwicklung von Anlagenkonzepten und Verfahren zunehmend eine Industrialisierung der biotechnologischen Prozesse angestrebt werden, um eine kostengünstige Bereitstellung qualitativ hochwertiger Produkte in großen Stückzahlen gewährleisten zu können.

Vor diesem Hintergrund kann die Messtechnik einen wichtigen Beitrag leisten. Technologien und Methoden zur Absicherung der Produktqualität sind in der industriellen Produktionstechnik fest verankert und spielen vielerorts eine zentrale Rolle als Enabler für das schnelle Einfahren und sichere Betreiben von Fertigungsprozessen. Ein Transfer von Prinzipien und Technologien der Produktionsmesstechnik in die biomedizinische Produktion könnte wichtige neue Impulse für eine effiziente Herstellung von Tissue Engineering Produkten liefern. Insbesondere optische Messverfahren, die ein zerstörungsfreies und schnelles Messen von Prüfkörpern erlauben, sind potenziell in der Lage, einen höheren Nutzen gegenüber langwierigen und manuellen Verfahren der Laboranalytik abzubilden. Der Einsatz einer solchen Messtechnik im Tissue Engineering ist jedoch bislang nur unzureichend untersucht worden.

Ein Messverfahren, das für den Einsatz in der Überwachung von TE-Prozessen in Frage kommt, ist die Optische Kohärenztomographie (OCT)[1]. Dabei handelt es sich um eine interferometrische Bildgebungstechnologie, die es erlaubt, Schnittbilder von transparenten und streuenden Objekten zu erzeugen [FDHL03]. Die eigentliche Messgröße ist dabei die Intensität des zurück gestreuten Lichts in Abhängigkeit von der Tiefe bzw. lateralen Position. Sowohl in der klinischen Forschung als auch in der industriellen Messtechnik ist dieses Verfahren ausgiebig beschrieben und untersucht worden. Geräte nach dem Stand der Technik erlauben die Erfassung zwei- oder dreidimensionaler Daten mit Auflösungen im Bereich von 3-10 µm bei Eindringtiefen von 1-3 mm. Mit der OCT wäre es grundsätzlich möglich, im Labor gezüchtete Gewebe hinsichtlich ihrer inneren Struktur bzw. möglicher Defekte zu prüfen und könnte so zerstörende und aufwändige histologische Schnittbilder ersetzen, die derzeit das Standardverfahren zur Inspektion der Gewebekonstrukte sind.

Der Einsatz der OCT als Bildgebungs- und Prüftechnologie im Tissue Engineering ist bislang kaum dokumentiert. Darüber hinaus existieren in der Literatur nur wenige Konzepte zur Integration der OCT in eine voll- oder teilautomatisierte TE-Produktion, welche die Randbedingungen einer biomedizinischen Produktionsumgebung berücksichtigen. Vor diesem Hintergrund widmet sich diese Arbeit den Fragen, inwiefern eine Prozessüberwachung bei der Kultivierung künstlichen Gewebeersatzes mittels OCT möglich ist und wie ein für diese Messaufgabe ausgelegtes System hardwaretechnisch realisiert werden könnte.

1.2 Forschungsansatz

Das Ziel dieser Arbeit ist die Untersuchung der Optischen Kohärenztomographie als Messverfahren für eine Prozessüberwachung bei der Herstellung von künstlichen Geweben. Im Speziellen werden künstliche Hautmodelle als Betrachtungsgegenstand gewählt, da diese als eine der wenigen TE-Produkt bereits kommerziell hergestellt und verkauft werden und somit für eine

[1] OCT: Optical Coherence Tomography.

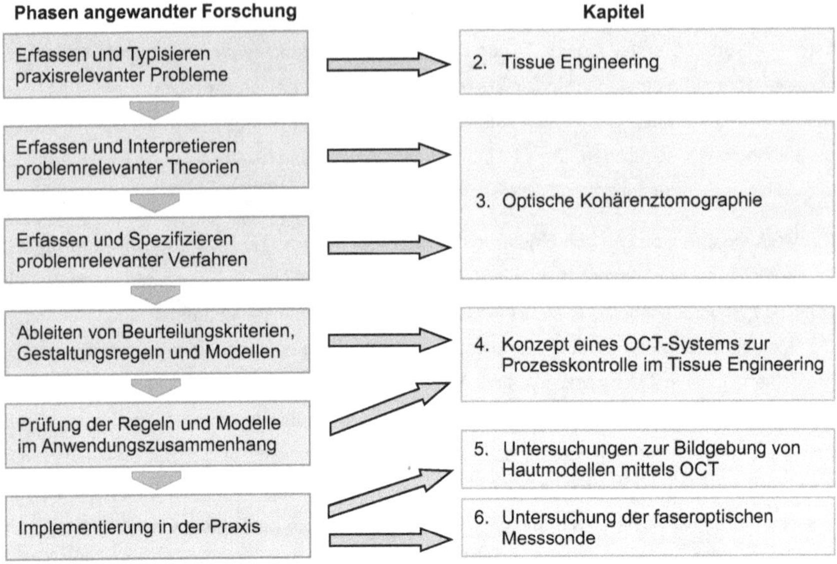

Abbildung 1.2: Gliederung der Arbeit anhand des Forschungsmodells nach Ulrich [UDP84].

Prozessautomatisierung mittelfristig in Frage kommen. Die Vorgehensweise ist an das Modell der angewandten Forschung nach Ulrich [UDP84] angelehnt (siehe Abb. 1.2) und wird im Folgendem beschrieben.

Zu Beginn wird ein Überblick über den Stand der Forschung im Tissue Engineering präsentiert, in dem die Herausforderungen bei der Gewebeproduktion erfasst und der Handlungsbedarf aus diesen abgeleitet werden. Hier wird die OCT als relevantes Messverfahren identifiziert. Auf Basis einer Literaturrecherche werden daher die Grundlagen und der Stand der OCT-Technik dargestellt sowie Vorarbeiten bei der OCT-Bildgebung von TE-Produkten diskutiert. Aus der Synthese von biomedizinischen Anforderungen und den technischen Möglichkeiten wird schließlich ein Konzept für ein prozessintegriertes OCT-System erarbeitet. Dieses besteht neben der OCT-Auswertetechnik aus einer faseroptischen Messsonde, die auf einem neuartigen Ansatz basiert und dessen Funktion im Experiment überprüft werden muss. Die Validierung dieses Konzepts erfolgt daher in zwei Schritten: Einerseits wird untersucht, inwiefern biologisch relevante Aussagen anhand von OCT-Messungen an künstlichen Hautmodellen getroffen werden können. Dies geschieht, in dem systematische Messreihen an Gewebeproben in einem Standard-OCT-

Messaufbau durchgeführt werden. Nur wenn sich objektive und quantitative Aussagen aus den OCT-Daten gewinnen lassen, kann eine automatisierte Prozessüberwachung mit dieser Technik implementiert werden. In dem zweiten Experimentalteil wird hingegen das Konzept der faseroptischen Messsonde als Laboraufbau realisiert und hinsichtlich seiner Funktionalität untersucht. Die Versuchsergebnisse werden abschließend zusammengefasst und diskutiert.

Kapitel 2

Tissue Engineering

Der Begriff „Tissue Engineering“ (TE) wurde 1988 auf einem Arbeitskreistreffen der US-amerikanischen National Science Foundation geprägt. Ziel war es, die laufenden Forschungsaktivitäten auf dem Gebiet des zellulären Engineering sowie der Biomaterialien in einem Forschungsfeld zusammen zu führen. Die damals verabschiedete Definition lautete [Ska88]:

> *Tissue Engineering is the application of the principles and methods of engineering and the life sciences toward the fundamental understanding of structure-function relationships in normal and pathological mammalian tissues and the development of biological substitutes to restore, maintain, or improve functions.*

Im Laufe der vergangenen zwanzig Jahre ist diese Definition im Kern erhalten geblieben, auch wenn der Begriff „Tissue Engineering“ zum Teil unterschiedlich ausgelegt wird. Nach wie vor handelt es sich hierbei um eine zellbasierte Methode einer Funktionsrückgewinnung, -erhaltung bzw. -verbesserung pathologischen oder auch gänzlich verloren gegangenen natürlichen, vorzugsweise humanen Gewebes. Es finden sich dabei biologische, medizinische sowie ingenieurwissenschaftliche Methoden und Kompetenzen zusammen, mit dem Ziel der in vitro[1] Erzeugung eines biologischen Ersatzes für das entsprechende Zielgewebe bzw. Zielorgan sowie dessen anschließender in vivo[2] Implantation. Erzeugnisse des Tissue Engineering können, neben der rein therapeutischen Verwendung, auch zu Forschungszwecken als äquivalente Modelle natürlichen Gewebes in Form von in vitro Testsystemen für quantitative Untersuchungen, etwa der Reaktionen des Gewebes auf mechanische, chemische bzw. pharmazeutische Stimuli etc., im Labor fungieren [VN06, Ner91].

[1] in vitro: im Labor (wörtlich: im (Reagenz-)Glas)

[2] in vivo: im (lebenden) Patienten

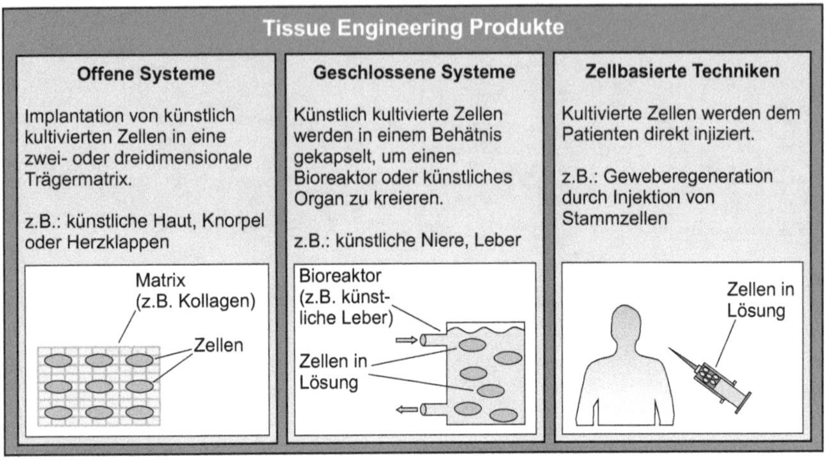

Abbildung 2.1: Überblick über die unterschiedlichen Typen von Tissue Engineering Produkten.

Tissue Engineering Produkte lassen sich grob in drei Hauptkategorien unterteilen: Offene Systeme, geschlossene Systeme und zellbasierte Techniken (siehe auch Abbildung 2.1). Bei den offenen Systemen zielt das Tissue Engineering darauf ab, einen künstlichen Ersatz für ein spezifisches Gewebe zu kultivieren. Dabei werden in der Regel künstlich gezüchtete Zellen im Labor in eine Trägermatrix, z.B. Kollagengel, implantiert und zu einem Gewebe weiter kultiviert. Auf diese Weise wird derzeit künstlicher Knorpelersatz oder künstliches Hautgewebe hergestellt.

Die geschlossenen Systeme hingegen haben das Ziel, die Funktion eines Organs in Form eines Bioreaktors zu imitieren. Im Falle einer künstlichen Leber wird beispielsweise das Blut eines Patienten ähnlich einem Dialysegerät durch einen Reaktor gepumpt, der zuvor kultivierte Leberzellen enthält. So sollen die physiologischen Funktionen der Leber im Falle eines Ausfalls derselben sichergestellt werden. Die dritte Kategorie der zellbasierten Ansätze umfasst die direkte Injektion von Zellen in den Patienten, zum Beispiel die Injektion von Stammzellen, um lokales Gewebewachstum zu stimulieren.

Da sich diese Arbeit auf die Entwicklung und Untersuchung qualitätssichernder Methoden bei der Herstellung künstlicher Gewebe fokussiert, sind die offenen Systeme Betrachtungsgegenstand der folgenden Abschnitte und Kapitel. Daher wird an dieser Stelle die Herstellung künstlichen Gewebes näher erläutert und ein Abriss über den Stand der Forschung präsentiert. Aufgrund des Umfangs und der Komplexität dieses Gebiets wird für eine tiefer gehende Betrachtung

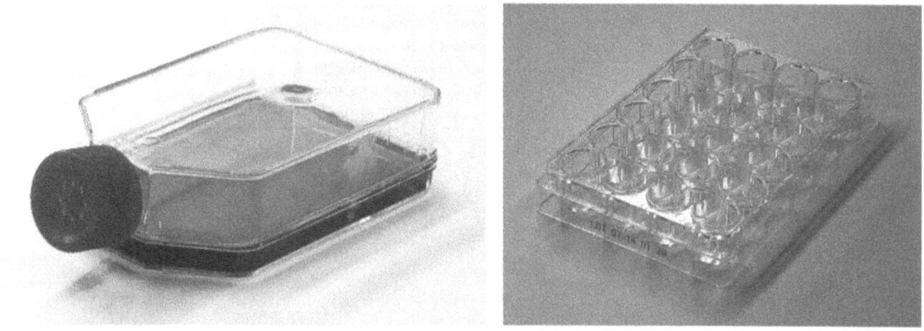

Abbildung 2.2: Betriebsmittel für die Herstellung künstlichen Gewebes. Links: Zellkulturflasche. Rechts: 24-Well-Mikrotiterplatte (MTP) .

auf die Literatur verwiesen, beispielsweise [LLV00] oder [MMHW08].

2.1 Herstellung von künstlichem Gewebe

2.1.1 Allgemeine Vorgehensweise

Zum Aufbau eines künstlichen Gewebes werden in der Regel zwei „Rohstoffe" benötigt: zum Einen ein Matrixmaterial, das Form und mechanische Eigenschaften des Produkts vorgibt, sowie lebende Zellen, welche die Organ- oder Gewebefunktion abbilden. Ein zentraler Prozessschritt ist daher die Vermehrung von Zellen im Labor, welche zuvor von einem Spender extrahiert und isoliert wurden. Im Allgemeinen werden dabei Biopsien[3] aus adultem Gewebe gewonnen. Je nach Spender unterscheidet man hier zwischen autogenen (Zellspender ist auch Empfänger), allogenen (Zellspender und Empfänger gehören gleicher Spezies an) oder auch xenogenen (tierischen) Zellquellen. Da das entnommene Gewebe häufig aus mehreren Bestandteilen besteht, werden durch geeignete mechanische oder biochemische Trennverfahren die gesuchten Zellen isoliert und in spezielle Behältnisse zur Zellkultivierung übertragen (z.B. Zellkulturflaschen Mikrotiterplatten (MTP); Siehe dazu Abb. 2.2). Diese sogenannten Primärkulturen werden in einem Zellkulturmedium suspendiert und damit mit Nährstoffen versorgt. Die Vermehrung der Zellen erfolgt in einem klimatisierten Brutschrank, wobei je nach Zelltyp die idealen klimatischen Wachstumsbedingungen eingestellt werden. In den meisten Fällen bedeutet dies eine Atmosphäre mit 100% Luftfeuchtigkeit und einer Temperatur von 37 °C.

[3]Biopsie: Gewebeprobe

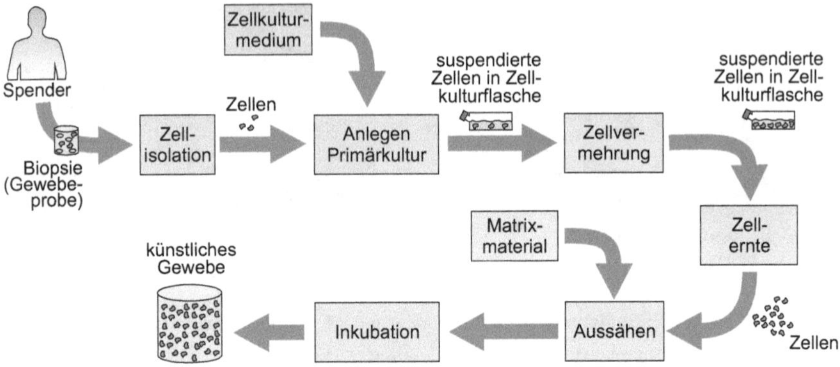

Abbildung 2.3: Darstellung eines typischen Vorgehens bei der Herstellung künstlicher Gewebe.

Während der Kultivierung lagern sich die Zellen an dem Boden des Behältnisses an und vermehren sich so lange, bis die Zellkultur den gesamten Boden bedeckt, oder bis Faktoren wie etwa Nährstoffmangel das Zellwachstum bremsen. Sind die Grenzen der Expansion erreicht, können die Zellen entweder geerntet oder in neue Behältnisse „passagiert" werden, um sie dort weiter zu vermehren. Nach dem Ernten der Zellen werden diese auf ein zwei- oder dreidimensionales Matrixmaterial bzw. „Scaffold" ausgesäht. Scaffolds legen die Geometrie der künstlichen Gewebeprobe fest und werden je nach späterer Anwendung ausgelegt. Die zelltragende Mikrostruktur eines Scaffolds kann hierbei unterschiedliche Formen annehmen, z.B. die von Gelen, Schwämmen oder auch Netzstrukturen aus biokompatiblen Polymeren.

Das so besiedelte Matrixmaterial wird häufig zur weiteren Kultivierung wieder in einem Brutschrank platziert und wiederum mit Nährmedien versorgt. Die weiterhin in Proliferation, also Vermehrung, begriffenen Zellen bilden schließlich eine extrazelluläre Matrix (EZM) aus Kollagenfasern und weiteren Bestandteilen, welche Zellen und Scaffold verdichtet und so letztlich zur Entwicklung implantierbaren Gewebes führt. Nach Abschluss dieses Prozessschritts werden die Proben schließlich steril verpackt und ausgeliefert. Dieser Ablauf ist zur Übersicht in Abbildung 2.3 grafisch dargestellt.

2.1.2 Aktueller Stand der Forschung

Hinsichtlich der Entwicklung künstlicher Gewebe sind in den letzten zwei Jahrzehnten ein Vielzahl an Fortschritten erzielt worden. Haupttreiber für diese Aktivitäten ist die Tatsache, dass der

Bedarf an funktionalem Gewebeersatz stetig steigt bei einer gleichzeitig geringen Verfügbarkeit geeigneter Spendergewebe oder -organe [Deu08]. Ebenso wird die Möglichkeit einer Züchtung von Gewebeersatz aus körpereigenen Zellen in Bezug auf eine bessere Verträglichkeit bzw. eine geringere Wahrscheinlichkeit von Abstoßungsreaktionen als positiv bewertet [Lud08]. Aber auch fernab der therapeutischen Nutzung ergeben sich potenzielle Anwendungsfelder für das Tissue Engineering. Sowohl politische Institutionen als auch private Interessensgruppen verlangen zunehmend die Reduzierung der Anzahl an den in der klinischen, pharmazeutischen und kosmetischen Forschung durchgeführten Tierversuche. Die Verfügbarkeit von realistischen und kostengünstigen Gewebemodellen könnte einen entscheidenden Beitrag dazu leisten, diesen gesellschaftlichen Forderungen nachzukommen.

Die Tatsache, dass sich das Tissue Engineering aus der Zellbiologie heraus entwickelt hat, spiegelt sich darin wider, dass die Prozessabläufe im TE, von der Entnahme einer Biopsie bis hin zur in vitro Zell- bzw. Gewebekultur, derzeit im Allgemeinen noch durch einen hohen Anteil an kostenintensiver wie auch in besonderem Maße risikoreicher, manueller Arbeitsvorgänge gekennzeichnet sind. So werden händisch Zellsuspensionen pipettiert, Nährmedien zugefügt oder Biopsien zerteilt und aufbereitet. Eine Automatisierung der gesamten Prozesskette durch den Einsatz produktspezifischer Bioreaktoren, standardisierter Züchtungs-, Verarbeitungs- und Testverfahren sowie unter Zuhilfenahme robotischer Greifer und Handhabungsanlagen wird von Seiten der biomedizinischen Industrie gefordert, um eine reproduzierbarere und ökonomischere Produktion zu ermöglichen. Diese befindet sich derzeit jedoch noch in einem frühen Entwicklungsstadium. Gleiches gilt für die Mess- und Prüftechnik im TE, welche durch Standardverfahren der Laboranalytik geprägt ist. Diese werden gesondert in Abschnitt 2.2 dargestellt.

Die derzeit untersuchten künstlichen Gewebe decken ein breites Feld klinischer Anwendungen ab. So sind zum Beispiel in der Orthopädie bereits mehrere Ansätze zur Behandlung von Knochen- oder Knorpeldefekten entwickelt worden. In [HSL+07] wurde die Regeneration von Knochen mittels zellbesiedelter Matrizes erörtert, während durch andere Forschungsgruppen eine Reparatur von Kniegelenkknorpel mittels matrixbasierter, autologer Chondrozytentransplantation[4] demonstriert wurde [MSG+08, OMHR+07]. In der Kardiologie konnte beispielsweise durch Cebotari et al. gezeigt werden, dass die Herstellung künstlicher Herzklappen für Transplantate mit Methoden des Tissue Engineering möglich ist [CLT+06]. Dabei wurden allogene Herzklappen verwendet, die in einem ersten Schritt von Zellen entvölkert wurden. In das so entstandene Gerüst wurden daraufhin körpereigene Zellen des Patienten ausgesäht und dieses implantiert. Weitere Beispiele sind die Herstellung künstlicher Blutgefäße [SI01] oder die

[4] Chondrozyten: Knorpelzellen.

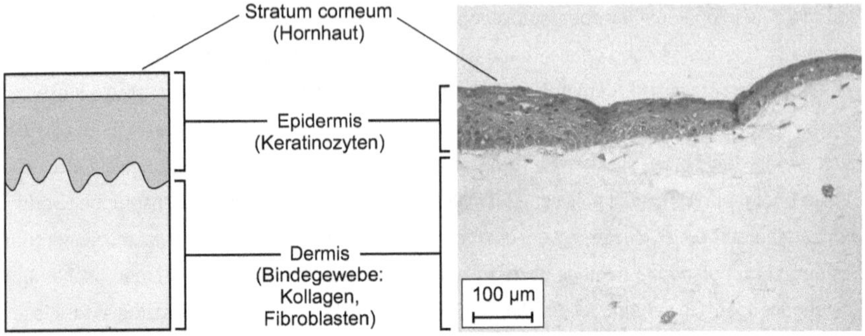

Abbildung 2.4: Links: Schematischer Schichtaufbau der Haut. Rechts: Künstlich gezüchteter Hautersatz.

Kultivierung künstlicher Skelettmuskel [SSRB+07, FAW+07].

Ein Anwendungsgebiet, das bereits weit fortgeschritten ist, ist die Herstellung von künstlichem Hautersatz. Kunsthaut wird bereits heute von mehreren Unternehmen hergestellt und vermarktet. Die Produkte unterscheiden sich dabei stark in ihrer Komplexität und deren Zielanwendung. Auf diese Klasse der Tissue Engineering Produkte wird im folgenden Abschnitt gesondert eingegangen.

2.1.3 Herstellung künstlicher Hautmodelle

2.1.3.1 Die menschliche Haut

Die Haut übernimmt als flächenmäßig größtes Organ des Körpers eine Reihe von wichtigen Aufgaben, zum Beispiel den Schutz des Körpers vor Dehydrierung oder Mikroorganismen. Diese Funktionen werden durch die Zellen und Strukturen der verschiedenen Hautschichten abgebildet. Dabei lässt sich die Haut grob in seine zwei Hauptkomponenten, der Dermis und der Epidermis, aufteilen (siehe Abb. 2.4). Die Epidermis stellt die äußere Grenzfläche des menschlichen Körpers zu seiner Umgebung dar und übernimmt daher entsprechende Schutzaufgaben. Zellulär betrachtet besteht sie zum größten Teil aus Keratinozyten, die an der Grenzfläche zur Dermis stets neu gebildet werden und sich so erneuern. Die oberste Schicht der Epidermis besteht aus einer oder mehreren Lagen abgestorbener Keratinozyten, dem „stratum corneum“ oder Hornhaut.

Unterhalb der Epidermis liegt die Dermis, die der Haut ihre Flexibilität und Elastizität verleiht. Sie besteht aus diesem Grund hauptsächlich aus Kollagen und elastischen Fasern. Die Fibroblasten übernehmen die Aufgabe der Produktion dieser Bindematerialien (bzw. der extrazellulären Matrix) und sind daher der am häufigsten anzutreffende Zelltyp in der Dermis. Darüber hinaus ist die Dermis mit Blutgefäßen und Nerven durchsetzt, welche die Nährstoffversorgung bzw. den Transport taktiler Reize übernehmen [LLV00].

Die Epidermis verfügt im Vergleich zur Dermis über ein hohes Selbstheilungsvermögen. Bei Verletzungen der Dermis entsteht Narbengewebe, das eine geringere Flexibilität und Stärke aufweist und damit motorische Einschränkungen sowie kosmetische Mängel zur Folge hat. Künstliche Gewebe, die nicht nur die Wunde verschließen, sondern auch eine Regeneration der Haut stimulieren, könnten daher einen hohen Nutzen bieten. Indikationen für einen Einsatz künstlicher Hautgewebe sind beispielsweise großflächige Brandwunden oder kosmetische Makel wie etwa Narben oder Pigmentstörungen. Ein weiteres Anwendungsfeld für TE-Haut ist die Therapie von chronischen Wunden, zum Beispiel diabetische Beingeschwüre. Dabei handelt es sich um Verletzungen, die aufgrund eines mangelnden physiologischen Gleichgewichts nicht verheilen und auch zur Amputation der betroffenen Gliedmaße führen können.

Es besteht demnach ein großer Bedarf an Verfahren, die beschädigtes Hautgewebe ersetzen oder die Heilungsprozesse aktivieren können. Hier kann das Tissue Engineering ansetzen, zum Beispiel durch die Entwicklung biokompatibler Materialien zum Wundverschluss bzw. als Stützmatrix um Zellwachstum zu stimulieren. Aber auch mehrschichtige künstliche Gewebemodelle, die in Struktur und zellulärer Zusammensetzung Hautgewebe nachahmen, finden zunehmend Anwendung.

2.1.3.2 Tissue Engineering von Hautgewebe

Zur Regeneration von zerstörtem Hautgewebe sind in der Vergangenheit Transplantate aus autogener oder allogener Quelle (zum Beispiel aus Leichengewebe) verwendet worden. Ebenso wurde de-zellularisiertes allogenes Dermisgewebe angewandt, um als natürliche Stützmatrix für eine Neubesiedlung des behandelten Areals zu dienen [CLM86, LHH$^+$95]. Mit dieser Technik sind jedoch einige Probleme verbunden. So können einerseits auf diese Weise Infektionen oder Abstoßungsreaktionen auftreten. Andererseits ist die Verfügbarkeit sowie eine gleich bleibende Qualität der Proben nicht immer gegeben.

In einer der frühsten Arbeiten zum Tissue Engineering wurde eine Schwammstruktur aus Kollagen und Glycosaminoglycan entworfen, um als Gerüst für die dermale extrazelluläre Matrix zu dienen [YBOS82]. Ziel dabei war es, die Repopulation durch Fibroblasten kontrolliert zu begünstigen, um die Entstehung von Narbengewebe zu vermeiden. Eine kommerzielle Version dieses Materials, bestehend aus Rinderkollagen und einer Silikonmembran wird derzeit von der Integra Life Sciences Corporation zur Behandlung von Verbrennungsopfer angeboten. Dabei wird bei der Behandlung die dermale Schicht allmählich vom Körper resorbiert, wonach die Silikonmembran entfernt wird [LPH+97].

Mehrere Variationen von Kollagenschwämmen wurden in der Vergangenheit untersucht und obwohl eine verbesserte Wundheilung festgestellt werden kann, konnte eine vollständige dermale Regeneration bislang nicht durch azelluläre Matrizes demonstriert werden [LLV00, S. 884]. Aus diesem Grund konzentriert sich die Forschung derzeit auf die Entwicklung mehrschichtiger Hautäquivalente, welche die Funktion der Haut optimal abbilden und auch vom menschlichen Körper als natürliches Gewebe erkannt werden. Ein solches Hautmodell wurde durch Boyce et al. demonstriert, welches aus einer mit Fibroblasten vermischten Kollagenmatrix bestand und dessen Oberfläche mit epidermalen Keratinozyten besiedelt wurde [BH88]. Dieses mit autologen Zellen besiedelte Material konnte mit Erfolg zur Therapie schwerer Verbrennungen eingesetzt werden [HBCF89]. Ein ähnliches Hautäquivalent wurde in [BEBN81] beschrieben und wurde in den darauf folgenden Jahren zur Marktreife geführt [WWP+94]. Dieses Produkt wird unter dem Namen Apligraf durch die Organogenesis Inc. vertrieben.

Die Herstellung solcher mehrschichtigen Hautäquivalente erfolgt in der Regel anhand des in Abbildung 2.3 dargestellten Standardprozesses: Hautgewebe eines Spenders wird im Labor verarbeitet und die Fibroblasten und Keratinozyten extrahiert. Diese Zellen werden getrennt in Brutschränken vermehrt, um die Menge des verfügbaren Zellmaterials zu vergrößern. Daraufhin wird Kollagengel mit einer definierten Anzahl Fibroblasten vermischt und in eine Form, zum Beispiel eine Multi-Well-Platte, gegossen. Abschließend wird eine dünne Schicht Keratinozyten auf der Oberfläche des Kollagens ausgesäht, um so die epidermale Schicht zu bilden. In einem weiteren Kultivierungszyklus im Brutschrank festigt sich die zelluläre Struktur und es bildet sich an der Grenzfläche zur Luft eine verhornte Keratinozytenschicht, die Hornhaut. Das Ergebnis dieses Prozesses ist ein dreischichtiges Hautmodell, dessen Struktur an dem Aufbau menschlicher Haut angelehnt ist. Dies erlaubt die Anwendung dieses Produkts entweder zu therapeutischen Zwecken oder als Hautmodell für Grundlagenuntersuchungen.

2.2 Qualitätssicherung im Tissue Engineering von Hautgewebe

Die Herstellung biomedizinischer Produkte unterliegt strengen Regularien, welche vorrangig den Schutz des Endanwenders bzw. des Patienten zu Ziel haben. Die Vorgaben für eine Produktion von Tissue Engineering sind beispielsweise im Good Manufacturing Practice (GMP) festgelegt [Eur99]. Diese verlangen vorrangig eine durchgängige Dokumentation des gesamten Herstellungsprozesses sowie die Validierung der Prozessschritte und Betriebsmittel. Die Produktion muss in einem sterilen, reinraumähnlichen Umfeld ablaufen, um Kontaminationen der Proben und damit die Vernichtung ganzer Chargen zu verhindern und um die Infektionsgefahr für die Empfänger künstlichen Transplantatgewebes zu minimieren. Andererseits müssen die einzelnen Kultivierungsphasen überwacht und gesteuert sowie das Endprodukt geprüft werden. Aus Sicht der Qualitätssicherung gliedern sich daher die Methoden und Prüfmittel in zwei Klassen: Messgeräte und Verfahren zur Sicherstellung der Sterilität sowie Prüfmittel zur Überwachung der Prozesse und der Kontrolle der Produktfunktionalität.

Um eine sterile Laborumgebung zu gewährleisten, werden eine Reihe von Maßnahmen durchgeführt. So werden gewisse Arbeitsschritte, wie beispielsweise das Umpipettieren von Zellen, auf so genannten Sterilbänken vorgenommen. Dies sind Labortische, die unter einer konstanten laminaren Luftströmung gehalten werden, um die Ablagerung von Partikeln auf den biologischen Proben zu verhindern. Sterile Betriebsmittel wie Zellkulturflaschen, Pipetten und Handschuhe müssen dabei ebenfalls eingesetzt werden. Da sich die Zellkulturen mitunter mehrere Wochen in einem Brutschrank aufhalten, ist gerade dort auch auf Sterilität zu achten. Aus diesem Grund müssen diese regelmäßig sterilisiert bzw. desinfiziert werden, beispielsweise mit Alkohol oder durch Hitze.

Zur Überwachung der Reinheit der Kultivierungsumgebungen kommen Partikelmessgeräte zum Einsatz, die direkt Aufschluss über die in der Luft vorhandenen Partikelkonzentrationen und -größen geben. Die Sterilität von Arbeitsflächen hingegen wird meist mittels sogenannter Abklatschplatten untersucht. Diese sind in der Regel Platten aus Agar, einer gallertartigen Substanz, die mit Nährmitteln versetzt und auf einen Kunststoffträger montiert sind. Die Agarplatte wird mit der zu untersuchenden Arbeitsfläche in Kontakt gebracht und anschließend verschlossen im Brutschrank 1 bis 2 Tage inkubiert. Keime, die so mit der Agarplatte aufgenommen wurden, bilden auf diese Weise visuell erkennbare Kolonien, sodass auf eine Kontamination der untersuchten Fläche geschlossen werden kann. Nachteilig ist hier offensichtlich die lange Zeitspanne zwischen der Prüfung und dessen Ergebnis.

Darüber hinaus kommen einfache Sichtprüfungen zum Einsatz: So wird in der Praxis bei einer starken Trübung des Nährmediums von einem Befall mit Pilzsporen ausgegangen. Weiterhin sind viele Zellkulturmedien mit einem Indikator versetzt, welcher bei Übersäuerung seine Farbe ändert und so beispielsweise auf eine Kontamination durch Bakterien hinweist.

Bei der Prüfung der Produktqualität werden vorrangig Mikroskopieverfahren verwendet [MSS05]. Beim Anlegen der Primärkulturen werden die Zellen in einer Nährlösung suspendiert und in eine Zellkulturflasche gegeben, in der die Zellen an dessen Boden adhärieren und sich vermehren. Diese Zellkulturflaschen bestehen aus transparentem Kunststoff, sodass die Zellkulturen mittels eines Inversmikroskops durch den Flaschenboden hindurch betrachtet werden können. Auf diese Weise wird vorrangig das Wachstum der Zellen beobachtet, jedoch kann auch so eine mögliche Überwucherung durch unerwünschte Zelltypen (so genannte Unkrautzellen) festgestellt werden.

Nach der Zellvermehrung ist es notwendig, die Gesamtzahl der lebenden Zellen in der Kultur festzustellen, um definierte Konzentrationen in die Gewebematrix aussähen zu können. Das klassische Zellzählverfahren basiert darauf, dass ein geringer Teil einer homogenisierten Zellsuspension mit Trypanblau gefärbt und auf ein Objektträger gegeben wird. Das Trypanblau kann durch die defekten Membranen toter Zellen hindurch diffundieren und färbt diese ein, sodass unter dem Mikroskop tote und lebende Zellen unterschieden werden können. Durch eine visuelle Zählung der lebenden Zellen kann so auf die Zellkonzentration in der Ursprungsprobe zurück geschlossen werden. Es existieren Geräte, die diesen Schritt teilautomatisieren, zum Beispiel durch eine Auswertung des Mikroskopiebilds mittels Bildverarbeitung oder mittels Flow Cytometrie.

Ein letzter Prüfschritt erfolgt meist nach Abschluss aller Teilprozesse an dem Endprodukt, dem künstlichen Gewebeersatz. Neben einer Sichtprüfung auf erkennbare Defekte werden vorrangig Histologien durchgeführt. Dies ist das Standardverfahren zur Analyse zellulärer Strukturen und wird sowohl in der Medizin als auch in der Zellbiologie weitläufig eingesetzt. In der in diesem Kapitel zitierten Literatur werden stets Histologien der Gewebemodelle als Mittel zur Darstellung und Dokumentation der Gewebestruktur verwendet. Hierbei wird das zu untersuchende Gewebe fixiert, bzw. die Zellstruktur mittels chemischer Prozesse „eingefroren“, und anschließend eingebettet, z.B. in Paraffinwachs. Anschließend wird die Probe in dünne Scheiben geschnitten, die mit einem Farbstoff eingefärbt werden, um einen ausreichenden Kontrast, beispielsweise zwischen Zellwänden und Zellinneren, zu erzeugen. Diese Scheiben werden letztlich auf einen Objektträger gelegt und unter dem Mikroskop betrachtet. Auf diese Weise lässt sich die Zellstruktur sowie die Morphologie der Gewebeschichten darstellen. Da dies ein zerstörendes Verfahren ist, wird in der Regel eine Stichprobenprüfung vorgenommen, in dem eine oder mehrere Proben aus einer Charge untersucht werden. Neben der Tatsache, dass die Erstellung einer Histologie ein langwieriger und arbeitsintensiver Prozess ist, gehen hierbei die untersuchten Proben letztlich verloren, sodass konsequenterweise weder eine 100-Prozent-Prüfung des künstlich erzeugten Gewebes noch ein kontinuierliches Monitoring des Entwicklungsprozesses im Bioreaktor, Brutschrank etc. ermöglicht wird.

An dieser Stelle zeigt sich eine hohe Diskrepanz zwischen den Mess- und Prüfverfahren, die im Tissue Engineering verwendet werden, und denen, die in der klassischen Produktionstechnik zum Einsatz kommen. Dimensionelle Messverfahren, die zentrales Element der Fertigungsmesstechnik sind, finden in biotechnologischen Tissue Engineering Prozessen kaum Anwendung. Darüber hinaus sind in der Literatur kaum Ansätze zu finden, die eine zerstörungsfreie und automatisierte Qualitätssicherung bei der Herstellung von künstlichen Geweben verfolgen.

2.3 Zwischenfazit

Das Tissue Engineering hat sich in den letzten Jahren zu einem hochdynamischen Forschungsfeld entwickelt, in dem Kompetenzen aus der Medizin der Biologie, aber auch aus den Ingenieurwissenschaften zusammenfließen. Die Perspektive einer Herstellung von künstlichen Geweben oder Organäquivalenten hat weitreichende Implikationen für das Gesundheitswesen zur Folge. Das hohe ökonomische sowie klinische Potenzial dieser Technologien treibt global Forschungsaktivitäten, die darauf abzielen, medizinisch funktionale und wirtschaftlich attraktive Produkte anbieten zu können. Von den zahlreichen biofunktionalen Geweben, deren Herstellung aktuell beforscht wird, ist der künstliche Hautersatz dasjenige, welches den höchsten Grad der kommerziellen Verwertung aufweist. Durch einzelne Hersteller werden bereits Hautäquivalente angeboten, die auch für den therapeutischen Einsatz zugelassen sind.

Da die Forschung auf diesem Gebiet derzeit noch stark in der Zellbiologie verankert ist, ist jedoch die Herstellung von Tissue Engineering Produkten geprägt durch manuelle Prozessschritte und etablierte Laborverfahren. Dies hat zum einen eine kostenintensive Produktion sowie instabile Prozesse und lange Qualitätsregelschleifen zur Folge. Aus diesem Grund existieren nur wenige kommerzielle Produkte, die eine hohe Marktakzeptanz aufweisen. Die Automatisierung der Herstellungs- und Prüfprozesse erscheint daher nahe liegend.

Ein Ansatz, der zu diesem Zweck Anwendung finden könnte, ist die Integration zerstörungsfreier (bzw. nicht-invasiver) optischer Mess- und Bildgebungsverfahren, die eine Qualitätsüberwachung von künstlichem Gewebe während und nach der Herstellung gewährleisten. Die Optische Kohärenztomographie (OCT) ist ein Messverfahren, das sich potenziell für diese Aufgabe eignet und sich in vielerlei Hinsicht von anderen Bildgebungsverfahren abhebt. Sie weist einen höheren Tiefenmessbereich als die konfokale Mikroskopie auf, besitzt eine höhere Auflösung als die Ultraschallbildgebung und ist dabei wesentlich unkomplizierter in der Anwendung als beispielsweise Röntgen- oder Magnetresonanztomographie. Die OCT ist in den vergangenen 15 Jahren kontinuierlich weiterentwickelt worden, sodass heute eine Technologie zur Verfügung steht, mit der eine zwei- oder dreidimensionale, volumetrische Bildgebung streuender Materialien mit Auflösungen im Bereich weniger µm bei einem Messbereich von 1-3 mm erreicht werden kann. Die OCT ist bislang vorrangig für Anwendungen in der medizinischen Diagnostik aufgegriffen worden, jedoch gibt es erste Ansätze, dieses Verfahren für biotechnologische Anwendungen nutzbar zu machen.

Insbesondere im Bereich der Herstellung von künstlichen Gewebe stünde mit der OCT ein Werkzeug zur Verfügung, das zerstörende und aufwändige Verfahren wie histologische Mikroskopieschnitte ersetzen kann. Da jedoch die Einsatzmöglichkeiten der OCT im Tissue Engineering bislang nur vereinzelt untersucht wurden, besteht diesbezüglich ein konkreter Forschungsbedarf.

2.4 Handlungsbedarf und Forschungsfragen

Im Rahmen dieser Arbeit wird untersucht, inwiefern die Optische Kohärenztomographie als Mittel zur zerstörungsfreien und automatisierten Qualitätssicherung im Tissue Engineering zum Einsatz kommen kann. Als Betrachtungsrahmen wird die Herstellung von künstlichen Hautmodellen zugrunde gelegt, da diese Erzeugnisse bereits eine hohe Marktreife und etablierte Prozessketten aufweisen und somit ausreichende Anknüpfungspunkte für eine Prozessüberwachung bieten.

Um eine Beurteilung der Machbarkeit einer OCT-basierten Qualitätssicherung vornehmen zu können, muss an erster Stelle die Frage beantwortet werden, ob die OCT in der Lage ist, Hautmodelle und deren inneren Strukturen in ausreichender Qualität darzustellen. Nur wenn funktional relevante Aussagen aus den Messdaten extrahiert werden können, kann die OCT als Alternative zu Histologien in Frage kommen. Weiterhin müssen die speziellen Randbedingungen einer biotechnologischen Produktionsumgebung und deren Konsequenzen für die Systemauslegung betrachtet werden. Für eine prozessintegrierte Prüfung muss das OCT-System in der Lage sein, auch unter widrigen Bedingungen (zum Beispiel in einer Brutschrankatmosphäre) zu messen. Diese Anforderungen gilt es systematisch abzuleiten und bei der Konzeption eines OCT-Systems für das Tissue Engineering zu berücksichtigen.

Basierend auf diesen Überlegungen lässt sich das Ziel dieser Arbeit durch die folgenden Forschungsfragen umschreiben:

- Eignet sich die OCT zur Prüfung von künstlichen Hautmodellen?
  - Können aus OCT-Messdaten von Hautmodellen qualitätsrelevante Aussagen extrahiert werden?
  - Was sind die erreichbaren Leistungsdaten der Bildgebung?
- Kann ein OCT-System für die prozessintegrierte Prüfung von Hautmodellen realisiert werden?
  - Wie müssen die Systemkomponenten (OCT-System, Messsonde, etc.) ausgelegt sein, um einer biotechnologischen Produktionsumgebung Rechnung zu tragen?
  - Welche Leistungsdaten weist ein solches System auf?

Um diese Fragen beantworten zu können, wird im Folgenden im Rahmen einer Literaturrecherche der Stand der Technik aufgearbeitet und relevante Vorarbeiten identifiziert und diskutiert. Aufbauend auf dieser Wissensbasis wird durch Abgleich mit den biotechnologischen Randbedingungen ein Systemkonzept zur prozessintegrierten OCT-Messung abgeleitet. In einem letzten Schritt wird dieses Konzept praktisch umgesetzt, um anhand von Messreihen die Validität dieses Konzepts zu überprüfen (siehe dazu auch die in Abschnitt 1.2 beschriebene Vorgehensweise).

Kapitel 3

Die Optische Kohärenztomographie - Grundlagen und Stand der Technik

3.1 Optik und Lichtwellenleitertechnik

Das Licht besitzt eine Vielzahl von physikalischen Eigenschaften, die durch geeignete Apparaturen beeinflusst und gemessen werden können. Im Laufe des letzten Jahrhunderts haben eine Reihe von wissenschaftlichen Entdeckungen sowie technischen Entwicklungen dazu geführt, dass heute eine breite Palette an optischen Messverfahren zur Verfügung steht. Der zugrunde liegende Mechanismus der optischen Messtechnik ist immer die Messung einzelner oder mehrerer Eigenschaften des Lichts nach Wechselwirkung mit einer Probe, um so Rückschlüsse über die Beschaffenheit eines Prüfkörpers oder Mediums zu erhalten. Typische Beispiele sind hierfür die Spektroskopie (Bestimmung von Materialeigenschaften aus dem Emissionsspektrum eines Körpers) oder die Längenmessinterferometrie (Bestimmung von Abständen über die Lichtlaufzeit). In diesem Abschnitt werden die Begriffe und Mechanismen erläutert, die zum Verständnis der optischen Kohärenztomographie (OCT) sowie der Faseroptik notwendig sind.

3.1.1 Die Wellennatur des Lichts

Licht kann als eine Störung im elektromagnetischem Feld aufgefasst werden, die sich zeitlich und räumlich fortpflanzt. Auslöser einer solchen Störung sind beschleunigte elektrische Ladungen, zum Beispiel in atomaren Emissionsprozessen oder in der klassischen Dipolantenne. Der Grund hierfür liegt in der Tatsache, dass elektromagnetische Felder sich mit einer zwar hohen aber endlichen Geschwindigkeit ausbreiten. Diese wird in der Regel als Lichtgeschwindigkeit c bezeichnet und liegt im Vakuum bei

$$c = 299.792.458 \quad \frac{m}{s} \tag{3.1}$$

Breiten sich die Felder in einem anderen Medium aus, so reduziert sich deren Geschwindigkeit um einen Faktor n. Diese Materialkonstante wird als Brechungsindex bezeichnet und liegt für die meisten in der Natur auftretenden Medien und Materialien zwischen 1 und 2. Aus dieser Definition geht hervor, dass der Brechungsindex des Vakuums n_{Vakuum} als 1,0 gesetzt werden kann, sodass sich folgender Zusammenhang ergibt:

$$\frac{c_{Medium}}{c} = \frac{n_{Vakuum}}{n_{Medium}} = \frac{1}{n_{Medium}} \tag{3.2}$$

Gerade bei der Betrachtung mikroskopischer bzw. quantenmechanischer Prozesse kann das Licht auch als Strom von Teilchen, so genannten Photonen, aufgefasst werden. Da im weiteren Verlauf dieser Arbeit im Wesentlichen makroskopische Effekte betrachtet werden, wird im Folgenden nur auf die Teilchennatur des Lichts verwiesen, wenn es zur Erklärung oder Veranschaulichung einzelner Sachverhalte dienlich ist.

3.1.1.1 Eigenschaften von Lichtwellen

Die Grundlage für die Theorie der elektromagnetischen Wellen bilden die Maxwell-Gleichungen, die das Verhalten von elektrischen und magnetischen Feldern beschreiben [Hec05]:

$$\nabla \cdot \vec{E} = \frac{\rho}{\varepsilon_0} \tag{3.3}$$

$$\nabla \cdot \vec{B} = 0 \tag{3.4}$$

$$\nabla \times \vec{E} = -\frac{\partial \vec{B}}{\partial t} \tag{3.5}$$

$$\nabla \times \vec{B} = \mu_0 \vec{j} + \mu_0 \varepsilon_0 \frac{\partial \vec{E}}{\partial t} \tag{3.6}$$

Durch einige Rechenschritte können aus diesen Gleichungen die Wellengleichung für das elektrische Feld $\vec{E}$ hergeleitet werden. Geht man von einem Vakuum aus, so ist die Ladungsdichte $\rho = 0$ und die Stromdichte $\vec{j} = 0$. Dadurch vereinfachen sich diese Gleichungen stark zu:

$$\nabla \cdot \vec{E} = 0 \tag{3.7}$$

$$\nabla \cdot \vec{B} = 0 \tag{3.8}$$

$$\nabla \times \vec{E} = -\frac{\partial \vec{B}}{\partial t} \tag{3.9}$$

$$\nabla \times \vec{B} = \mu_0 \varepsilon_0 \frac{\partial \vec{E}}{\partial t} \tag{3.10}$$

Durch Anwendung des Rotationsoperators $\nabla\times$ auf Gleichung 3.9 und unter Ausnutzung der Beziehung $\nabla \times \left(\nabla \times \vec{E}\right) = \nabla \left(\nabla \cdot \vec{E}\right) - \nabla^2 \vec{E}$ ergibt sich:

$$\nabla \left(\nabla \cdot \vec{E}\right) - \nabla^2 \vec{E} = -\frac{\partial}{\partial t} \left(\nabla \times \vec{B}\right) \tag{3.11}$$

Durch Einsetzen von Gleichungen 3.7 und 3.10 und Umformen ergibt sich damit:

$$\nabla^2 \vec{E} - \varepsilon_0 \mu_0 \frac{\partial^2}{\partial t^2} \vec{E} = 0 \tag{3.12}$$

Eine identische Gleichung lässt sich für das magnetische Feld $\vec{B}$ herleiten. Diese Differentialgleichung ähnelt den Gleichungen für mechanische Wellen, wobei in diesem Fall die Dielektrizitätskonstante ε_0 und die Permeabilitätskonstante μ_0 mit der Ausbreitungsgeschwindigkeit, also der Lichtgeschwindigkeit c verkoppelt sind:

$$c = \frac{1}{\sqrt{\varepsilon_0 \mu_0}} \tag{3.13}$$

Eine einfache Lösung dieser Gleichung ist eine ebene elektrische Welle mit einer Amplitude von $\vec{E}_0$, die sich in z-Richtung ausbreitet:

$$\vec{E}\left(\vec{r}, t\right) = \vec{E}_0 \cdot e^{i(kz - \omega t)} \tag{3.14}$$

wobei hier k die Wellenzahl und ω ist die Kreisfrequenz der Welle ist, die mit der Wellenlänge λ und der Frequenz f in folgendem Zusammenhang stehen:

$$\lambda = c \cdot \frac{1}{f} = c \cdot \frac{2\pi}{\omega} = \frac{2\pi}{k} \tag{3.15}$$

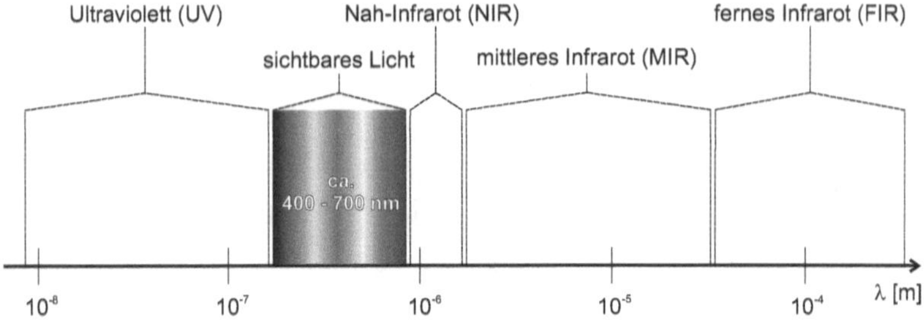

Abbildung 3.1: Die Wellenlängenbänder des Lichts

Mathematisch betrachtet sind elektromagnetische Wellen unabhängig von ihrer Frequenz qualitativ gleichwertig. Jedoch entsteht in der Wechselwirkung von Lichtwellen mit Materie eine Differenzierung. Während beispielsweise Infrarotstrahlung primär mit den Anregungsbanden von Molekülen wechselwirkt und daher häufig als Wärmestrahlung bezeichnet wird, zeigt kurzwellige Röntgenstrahlung ein gänzlich anderes Verhalten. Aus diesem Grund wird elektromagnetische Strahlung in unterschiedliche Wellenlängenbänder eingeteilt, die in Abb. 3.1 ausschnittsweise dargestellt sind. Von besonderem Interesse für die OCT ist dabei das sichtbare (VIS) sowie das nahinfrarote (NIR) Licht, insbesondere deshalb, da biologisches Gewebe aufgrund des Absorptionsverhaltens des enthaltenen Wassers in diesem Frequenzbereich eine hohe Transparenz aufweist (siehe Abschnitt 3.1.3).

Die in diesem Abschnitt aufgeführten Gleichungen basieren auf der Annahme, dass monochromatisches Licht vorliegt, also Licht mit nur einer scharf definierten Wellenlänge. Dies resultiert in einer unendlich ausgedehnten sinusförmigen Welle, die sich zeitlich und räumlich ausbreitet. In vielen Anwendungen - und gerade in der Optischen Kohärenztomographie - wird breitbandiges Licht verwendet. In diesem Fall muss das Superpositionsprinzip angewandt werden, um die Wellenform zu berechnen. Um beispielsweise die Wellenfunktion einer Lichtwelle mit spektraler Amplitudendichte $S(k)$ im Ortsraum zum Zeitpunkt $t = 0$ zu erhalten, muss folgendes Integral berechnet werden:

$$\vec{E}\,(z,t) = \int_{-\infty}^{\infty} S(k) \cdot \frac{\vec{E}_0}{\left|\vec{E}_0\right|} e^{ikz} \quad dk \tag{3.16}$$

Dies entspricht jedoch einer inversen Fouriertransformation von $S(k)$, wie auch aus der Signalverarbeitung bekannt ist. Daraus resultiert beispielsweise für den Fall einer Lichtquelle mit gauß-

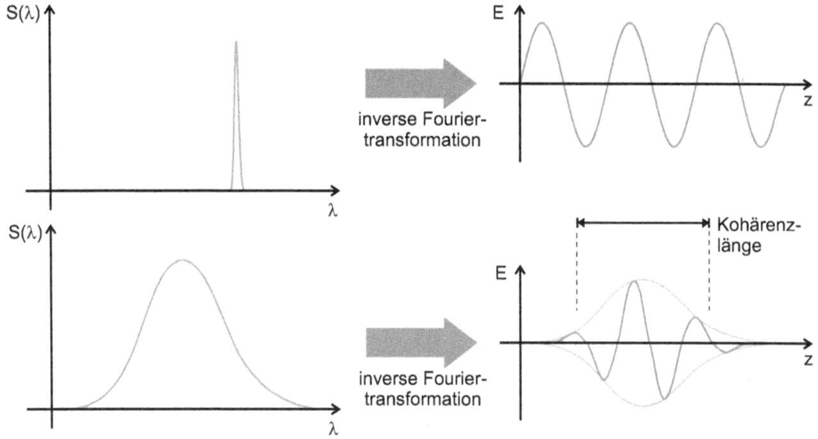

Abbildung 3.2: Zusammenhang zwischen Wellenlängenspektrum $S(\lambda)$ einer Lichtquelle und der Ortsfunktion eines kurzkohärenten Wellenpakets.

schem Spektrum und Zentralwellenlänge $\bar{\lambda}$ ein Wellenpaket mit einer Wellenlänge von $\bar{\lambda}$ und einer wiederum gaußschen Einhüllenden (siehe Abb. 3.2).

3.1.1.2 Kohärenz

Eine weitere wichtige Eigenschaft von Lichtwellen ist die Kohärenz. Diese gibt an, inwiefern eine feste Korrelation zwischen zwei Punkten einer elektromagnetischen Welle besteht. Im Falle einer idealisierten, monochromatischen Strahlquelle breitet sich das Licht als unendlich lange Sinusschwingung im Raum aus. Durch Bestimmung der Phase der Welle zu einem Zeitpunkt und an einem Ort kann somit auf die Phase an beliebigen Orten und Zeitpunkten geschlossen werden. In der Realität jedoch ist zum Einen die Erzeugung von Licht mit spontanen Emissionsprozessen endlicher Dauer verbunden, zum anderen weisen selbst Laser eine - wenn auch kleine - spektrale Breite auf. Dies hat zur Folge, dass sich Licht in Form von kohärenten Wellenzügen endlicher Länge im Raum ausbreitet, wobei diese Länge von der spektralen Breite der Lichtquelle abhängt.

Dieser Zusammenhang geht nicht zuletzt aus der Fourier-Theorie hervor und hat zur Folge, dass Wellenpakete einer breitbandigen Lichtquelle mit gaußschem Spektrum $S(\lambda)$ als kohärente Wellenzüge betrachtet werden können, die mit einer Gaußfunktion zeitlich moduliert sind. Dieser Zusammenhang ist in Abb. 3.2 illustriert. Die Länge dieses Wellenpakets wird dabei als

Kohärenzlänge l_c bezeichnet und kann je nach Lichtquelle in der Größenordnung von einigen Mikrometern (Weißlicht) bis hin zu Kilometern (Laser) reichen.

Bei der Berechnung der Kohärenzlänge einer Lichtquelle wird der Einfachheit halber häufig von einem gaußschen Spektrum ausgegangen. Bei der Quantifizierung der Breite des Spektrums sind in der Literatur jedoch unterschiedliche Definitionen anzutreffen. Ausgegangen wird immer von der Standarddarstellung einer gaußschen Verteilung:

$$S(\lambda) = \frac{S_0}{\sigma_\lambda \sqrt{2\pi}} \cdot e^{-\frac{(\lambda-\bar{\lambda})^2}{2\sigma_\lambda^2}} \tag{3.17}$$

Naheliegend ist es, die doppelte Standardabweichung σ_λ als spektrale Breite zu definieren. Oft wird jedoch die vierfache Standardabweichung verwendet, oder aber die Halbwertsbreite (FWHM[1]) des Spektrums, die sich wie folgt berechnet:

$$\Delta\lambda = FWHM_\lambda = 2\sqrt{2\ln 2} \cdot \sigma \tag{3.18}$$

Für die Kohärenzlänge l_c dieser Lichtquelle gilt schließlich folgender Zusammenhang:

$$l_c = \frac{2\ln 2}{\pi} \cdot \frac{\bar{\lambda}^2}{\Delta\lambda} \tag{3.19}$$

Die endliche Kohärenzlänge realer Lichtquellen ist insofern wichtig für die Messtechnik, da interferometrische Verfahren in der Regel auf der Überlagerung zweier kohärenter Wellen basieren. Eine feste mathematische Phasenbeziehung ist unabdingbar zur Erzeugung zeitlich stabiler und damit messbarer Interferenzmuster. Bei Verwendung kurzkohärenter Lichtquellen in einem klassischen Michelson-Aufbau können daher nur Interferenzerscheinungen beobachtet werden, wenn Mess- und Referenzstrecke annähernd gleich lang sind. Ist deren Differenz größer als die Kohärenzlänge des Lichts, wird am Detektor lediglich die Summe der Intensitäten gemessen.

3.1.2 Lichtleitung in Glasfasern

Lichtwellenleiter auf Basis von Glasfasern werden vielfach eingesetzt als flexibles und einfach zu handhabendes System für den Strahlungstransport. So werden starre optische Aufbauten mit einem offenen Strahlengang vermieden, die in der Regel eine aufwändige Justage erfordern. Die

[1] FWHM: Full Width Half Maximum

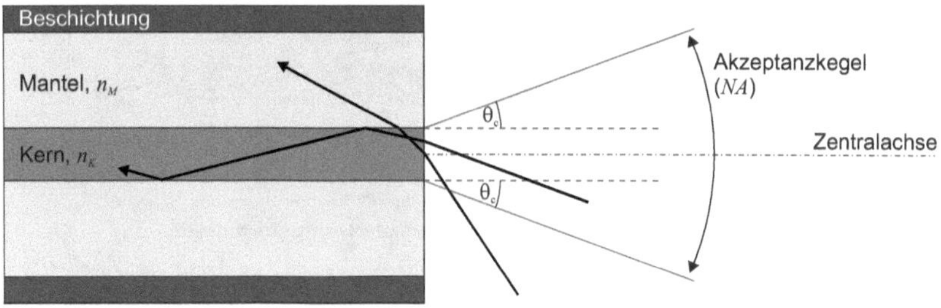

Abbildung 3.3: Prinzip der Lichtleitung in einer Stufenindexfaser. Nur Lichtstrahlen, die innerhalb der NA auf den Kern treffen, werden im Lichtwellenleiter durch interne Totalreflexion geleitet.

Lichtleitung in Glasfasern basiert auf dem Prinzip der internen Totalreflexion [Ebe06, S. 5]. Die am weitesten verbreitete Form der Lichtleitfaser ist die Stufenindexfaser, die im Folgenden näher beschrieben wird.

Stufenindexfasern bestehen aus einem zylindrischen Kern, der von dem so genannten Cladding oder Mantel umgeben ist. Der Brechungsindex des Mantels ist niedriger als der des Kerns, sodass für flache Winkel Totalreflexion an der Grenzfläche auftritt. Trifft demnach Licht innerhalb eines durch die Materialeigenschaften definierten Akzeptanzkegels mit dem Öffnungswinkel θ_c auf den Faserkern, wird durch interne Reflexion der Lichtstrahl im Faserkern weitergeleitet. Bei Überschreitung von θ_c dringt der Lichtstrahl in den Mantel ein und ist damit für die weitere Nutzung verloren (siehe Abb. 3.3). Häufig wird anstelle von θ_c dessen Sinus angegeben, der als Numerische Apertur (NA) bezeichnet wird und wie folgt berechnet werden kann:

$$NA = \sin\theta_c = \sqrt{n_K^2 - n_M^2}, \tag{3.20}$$

wobei n_M und n_K die Brechungsindizes des Mantels bzw. des Kerns sind. So liegt beispielsweise bei einer NA von 0,11 der Toleranzwinkel bei 6,3° und der gesamte Öffnungswinkel bei 12,6°. Bei starker Verbiegung einer Lichtleitfaser kann es vorkommen, dass die Bedingung für interne Totalreflexion lokal nicht mehr gegeben ist und Licht aus dem Kern in den Mantel ausgekoppelt wird. Aus diesem Grund sind minimale Biegeradien der Fasern einzuhalten, wenn diese Leistungsverluste vermieden werden sollen.

Abhängig davon, unter welchem Winkel ein Lichtstrahl in den Kern eingekoppelt wird, legt dieser in der Faser unterschiedlich lange Wege zurück. Dies führt zur so genannten Modendisper-

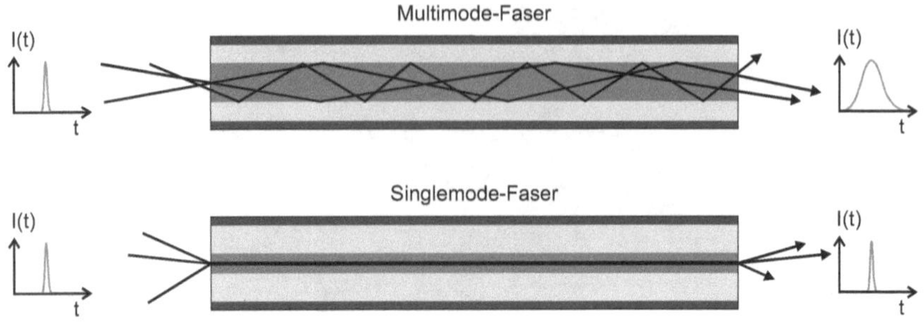

Abbildung 3.4: Modendispersion in unterschiedlichen Glasfaserarten

sion, die bei interferometrischen Messverfahren zur Signalverbreiterung führt und deshalb bei abstandsmessenden Verfahren in der Regel unerwünscht ist. Die Modendispersion kann unterdrückt werden, in dem Singlemodefasern verwendet werden, in denen das Licht nur eine definierte Pfadlänge im Lichtwellenleiter durchläuft (siehe Abb. 3.4). Dies wird durch einen kleineren Kerndurchmesser erzielt, dessen Größe sich aus den Brechungsindizes der Fasermaterialien und der Lichtwellenlänge ergibt. Liegt die Wellenlänge des verwendeten Lichts unterhalb der Cutoff-Wellenlänge,

$$\lambda_{cutoff} = \frac{2 \cdot \pi \cdot a \cdot \sqrt{n_1^2 - n_2^2}}{2{,}405} \tag{3.21}$$

wobei a der Kerndurchmesser ist und 2,405 ein Strukturfaktor, der die Anzahl der geführten Moden bestimmt, führt die Faser nur eine Transversalmode [Ebe06]. Typische Werte sind beispielsweise ca. 9 µm für 1300 nm oder 5 µm für 800 nm.

Wird Licht vollständig durch eine optische Glasfaser geleitet, tritt es an dem anderen Ende wieder aus. Aus ähnlichen Gründen wie im Fall der Einkopplung, wird das Licht nicht isotrop vom Faserende emittiert, sondern tritt als Kegel mit einem Gauß'schen Intensitätsprofil aus. Der Öffnungswinkel dieses Kegels ist wiederum die bereits bekannte Numerische Apertur.

3.1.3 Wechselwirkung von Licht mit Gewebe

Biologisches Gewebe ist ein hoch komplexes Medium, bestehend aus unterschiedlichen Strukturen, zum Beispiel Zellen, Gewebefasern oder Blutbahnen. Eine Vielzahl von Vorgängen spielen sich bei der Ausbreitung einer Lichtwelle im Gewebe ab. So werden zum Beispiel optische

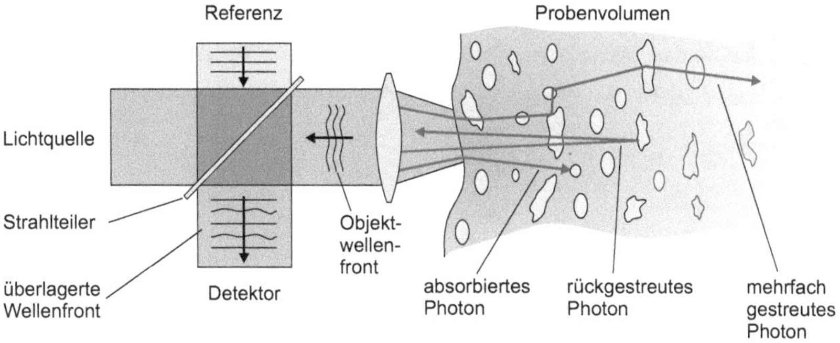

Abbildung 3.5: Interaktion von Licht mit Gewebe bei interferometrischen Messverfahren. Die Ausbreitung von Photonen wird bestimmt durch Absorptions- und Streuprozesse.

Photonen an Zellwänden reflektiert oder gebrochen, an Zellkernen gestreut oder von Molekülen absorbiert. Dieses Verhalten zeigt sich in der Praxis dadurch, dass ein gerichteter Strahl, der in Gewebe eintritt, nach wenigen Millimetern bereits in ein diffuses Leuchten übergeht (siehe hierzu Abb. 3.5).

Da Reflexion, Brechung und Beugung nur schwer auf makroskopischer Ebene von einander zu unterscheiden sind, fasst man diese Vorgänge, die lediglich eine Änderung der Flugrichtung des Photons hervorrufen, unter dem Sammelbegriff Streuung zusammen.

Bei vielen optischen Mess- und Bildgebungsverfahren sind mit Ausnahme der Mikroskopie die Ausmaße des untersuchten Gewebevolumens meist viel größer als die für Streuung verantwortlichen zellulären Strukturen. Daher ist es oft zulässig, sich das Gewebe als homogenes Material vorzustellen, dessen optische Eigenschaften durch makroskopische Mittelwerte gegeben sind. Die Wahrscheinlichkeit P, dass ein Photon im betrachteten Gewebevolumen auf einer Wegstrecke Δs abgelenkt oder absorbiert wird ist:

$$P_{streu} = 1 - e^{-\mu_s \cdot \Delta s} \qquad P_{abs} = 1 - e^{-\mu_a \cdot \Delta s} \tag{3.22}$$

Hierbei ist μ_s der Streukoeffizient und μ_a der Absorptionskoeffizient. Eine genaue Behandlung dieser Größen und der nachfolgenden Zusammenhänge ist [Tuc02] zu entnehmen. Da diese Koeffizienten eng verbunden sind mit den Absorptionsbanden der Moleküle beziehungsweise mit den Streuquerschnitten der zellulären Strukturen, sind sie in Regel wellenlängenabhängig.

Diese beiden Koeffizienten haben die Einheit $[m^{-1}]$ und können zum Abschwächungskoeffizienten μ_t addiert werden. Dieser ist als Inverses der mittleren freien Weglänge $\bar{l}$ im betrachteten Medium aufzufassen, also der Strecke, die ein Photon im Mittel zurücklegt, bevor es gestreut wird:

$$\bar{l} = \frac{1}{\mu_t} = \frac{1}{\mu_s + \mu_a} \tag{3.23}$$

Der Absorptionskoeffizient μ_a des Mediums setzt sich dabei zusammen aus den molaren Absorptionskoeffizienten μ_a^i der absorbierenden Stoffe („Chromophore") im Gewebe multipliziert mit deren Konzentrationen:

$$\mu_a = \sum_{i=1}^{N} c_i \cdot \mu_a^i \tag{3.24}$$

Die bekannteste Formulierung dieser Zusammenhänge ist das Beer-Lambert-Gesetz, welches das Transmissionsverhalten eines Photonenstrahls in einem streuendem, absorbierendem Medium beschreibt:

$$I(z) = I_0 \cdot e^{-(\mu_s + \mu_a)z} \tag{3.25}$$

Hierbei ist I_0 die Intensität des Strahls bei Eintritt in das Medium und z die Eindringtiefe.

Um die Lichtausbreitung im Gewebe ausreichend beschreiben zu können, ist es ebenfalls notwendig, die Isotropie der Streuprozesse zu berücksichtigen. Dies erfordert die Einführung der Phasenfunktion $p(\theta)$ bzw. $p(\vec{s}, \vec{s}\,')$, welche definiert ist als Wahrscheinlichkeitsdichte für die Ablenkung um den Winkel θ von der Flugbahn $\vec{s}$. Das mittlere Streuverhalten von Gewebe kann jedoch oft durch die so genannte Henyey-Greenstein-Funktion approximiert werden:

$$p(\theta) = \frac{1}{4\pi} \cdot \frac{1 - g^2}{(1 + g^2 - 2g\cos\theta)^{3/2}} \tag{3.26}$$

Der Parameter g wird Anisotropiefaktor genannt und ist definiert als mittlerer Kosinus des Ablenkungswinkels:

$$g = \langle \cos\theta \rangle = \int_0^{\pi} p(\theta)\cos\theta \cdot 2\pi \sin\theta d\theta \tag{3.27}$$

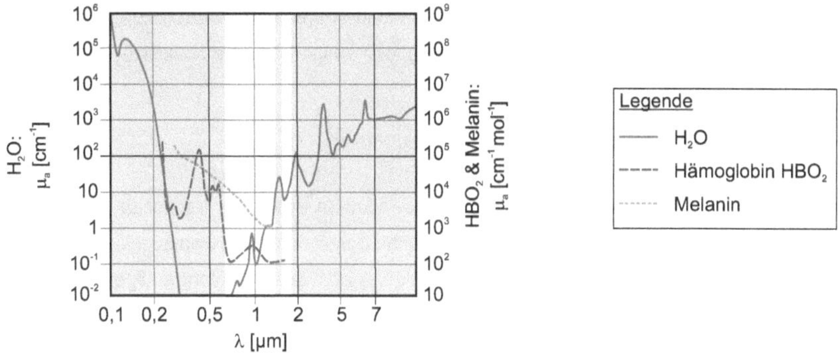

Abbildung 3.6: Absorptionskoeffizienten von Wasser, Melanin und oxygeniertem Hämoglobin. Das "Diagnostische Fenster", in dem Absorption im Gewebe minimal ist, ist weiß hinterlegt [FDHL03].

Der Anisotropiefaktor kann Werte zwischen 0 und 1 annehmen, wobei $g = 0$ vollkommen isotrope Streuung beschreibt ($p(\theta) = \text{const.}$) und $g = 1$ eine reine Vorwärtsstreuung der Photonen bedeutet ($p(\theta) \propto \delta(\theta)$). Da durch diese Näherung das Streuverhalten meist sehr gut approximiert wird, zieht man es häufig vor, nur g anzugeben, an Stelle von $p(\theta)$. Bei typischen Streuparametern werden Photonen auf einer Strecke von wenigen Millimetern bereits mehrfach abgelenkt. Es kann gezeigt werden, dass nur wenige Streuvorgänge ausreichend sind, um eine isotrope Verteilung der Photonenflugrichtungen zu erreichen [Due88]. Daher ist es auch möglich, pauschal von isotroper Streuung im Gewebe auszugehen, sofern man einen reduzierten Streukoeffizienten μ_s' einführt:

$$\mu_s' = (1-g) \cdot \mu_s \tag{3.28}$$

Diese Vereinfachung bietet immer noch eine hohe Übereinstimmung mit den experimentellen Ergebnissen, mit dem Vorteil, dass man an Stelle von drei Parametern nur noch zwei zur Beschreibung des Gewebes benötigt. Entsprechend der Formel 3.23 lässt sich damit auch die reduzierte mittlere freie Weglänge definieren:

$$\bar{l}' = \frac{1}{\mu_s' + \mu_a} \tag{3.29}$$

Bei Messverfahren, die das vom Gewebe zurück gestreute Licht aufsammeln und auswerten, wie etwa die OCT, ist der Rückstreukoeffizient μ_b von besonderer Bedeutung. Dieser beschreibt den Anteil der Energie, der von einem Teilchen exakt entgegen der Ausbreitungsrichtung des Lichts gestreut wird, und kann mathematisch wie folgt ausgedrückt werden [BH04, SKB93]:

$$\mu_b = \eta \frac{4\pi}{k^2} |p(180°)|^2, \tag{3.30}$$

wobei η die Anzahl der streuenden Teilchen pro Volumen und k die Wellenzahl des Lichts im Medium ist. In der Regel nimmt der Streuquerschnitt und damit die Lichtauslöschung pro zurück gelegter Wegstrecke mit steigender Wellenlänge ab, weswegen langwellige Strahlung bei der biomedizinischen Bildgebung bevorzugt wird. Gewebe enthält jedoch eine Reihe von Chromophore, allen voran Wasser und der Blutfarbstoff Hämoglobin, deren Absorption im infraroten Bereich stark zunimmt (siehe Abb.3.6). Messsysteme für die medizinische Bildgebung arbeiten daher meist im Bereich von 600 - 1500 nm, dem sogenannten „Diagnostischem Fenster".

3.2 Funktion und Anwendung der OCT

Um die Geometrie oder die Lage eines Probekörpers zu messen, werden häufig Verfahren eingesetzt, die darauf basieren, dass eine Welle an dem Objekt reflektiert wird und die Laufzeit, bzw. die Laufzeitverteilung bei volumetrisch messenden Verfahren, gemessen wird. Radar und Ultraschallbildgebung sind zwei solcher Verfahren, die weitgehend bekannt sind. Dieses Messprinzip lässt sich ebenfalls auf Licht übertragen, jedoch stellen die hohe Ausbreitungsgeschwindigkeit des Lichts und dessen Frequenz im Bereich einiger hundert Terahertz große Anforderungen an die Detektortechnik. Elektromagnetische Wellen benötigen beispielsweise nur etwa 3 fs, um eine Strecke von 1 µm zurückzulegen. Um solch kurze Distanzen mittels einer Laufzeitmessung auflösen zu können, müsste der verwendete Detektor eine ähnlich hohe Zeitauflösung besitzen.

Zur optischen Messung von Objekten und Strukturen mit Größenordnungen im Bereich µm bis cm werden daher häufig interferometrische Messverfahren verwendet. Durch die Überlagerung zweier kohärenter Wellen entstehen ortsfeste und zeitlich stabile Bereiche, in denen sich die Wellen gegenseitig verstärken bzw. auslöschen, die ohne großen Aufwand erfasst werden können. In den folgenden Abschnitten wird erläutert, wie mittels Interferenz von kurzkohärentem Licht Objekte volumetrisch gemessen werden können, um so Schnittbilder - beispielsweise von biologischem Gewebe - erzeugt werden können. Eine ausführlichere Zusammenstellung der Methoden und Anwendungen ist [Sch99],[FDHL03] bzw. [Bre06] zu entnehmen.

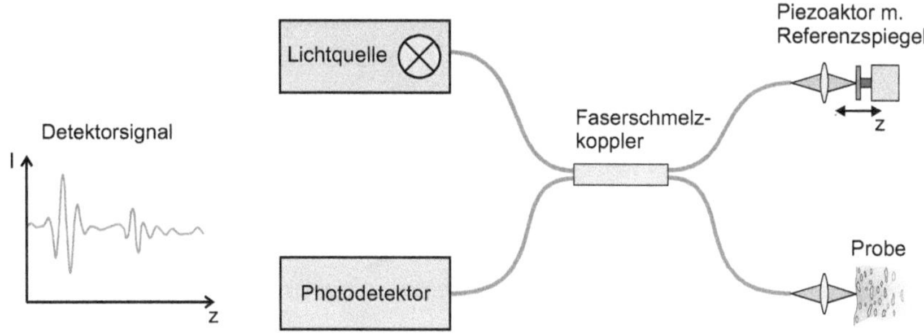

Abbildung 3.7: Skizze eines faseroptischen Time Domain OCT Aufbaus.

3.2.1 Grundlagen der optischen Kohärenztomographie

3.2.1.1 Time Domain OCT

Die optische Kohärenztomographie (OCT) wurde in seiner ursprünglichen Form am Massachusetts Institute of Technology (MIT) durch G. Fujimoto entwickelt [HSL+91]. Der damals realisierte Aufbau ähnelte einem klassischen Weißlichtinterferometer, also einem Michelson-Aufbau mit beweglichem Referenzspiegel. Diese Konfiguration wird in der Literatur als Time Domain OCT (TD-OCT), also OCT im Zeitraum, bezeichnet. Bei diesem Aufbau wird das breitbandige, und damit kurzkohärente, Licht einer Superlumineszenzdiode (SLD) in das Interferometer eingekoppelt. Das Interferometer kann dabei entweder als Freistrahlaufbau mit Strahlteilerwürfel vorliegen oder als faseroptisches Interferometer mit Faserschmelzkoppler. Im letzteren Fall werden Singlemode-Fasern eingesetzt, um Modendispersion in den Lichtleitfasern vorzubeugen. In den beiden Interferometerarmen wird das Licht jeweils zur Referenzfläche und zum Messobjekt geführt, wo es reflektiert wird und zurück in das Interferometer gelangt. Das Licht wird schließlich rekombiniert und dessen Leistung mittels eines Photodetektors ermittelt (siehe Abb. 3.7).

Im Falle einer monochromatischen Lichtwelle sind die mathematischen Zusammenhänge wohlbekannt. Die Referenz- und Messwelle, gegeben durch

$$E_1 = E_r e^{-i2kl_r} \quad \text{und} \quad E_2 = E_m e^{-i2kl_m} \tag{3.31}$$

überlagern sich am Detektor zu $E_d = E_1 + E_2$, wobei l_r die Referenzstrecke und l_m die Messstrecke ist. Die Berechnung der Intensität am Detektor $I_d = |E_d|^2$ liefert:

$$I_d = I_r + I_d + 2\sqrt{I_r I_m}\cos(2k\Delta l)\,, \tag{3.32}$$

mit $\Delta l = l_m - l_r$. Durch Variation der Referenzstrecke l_r entsteht so am Detektor ein cosinusförmiges Interferenzsignal. Bei Verwendung vom breitbandigem, kurzkohärenten Licht wird Gl. 3.32 modifiziert, sodass der Interferenzterm zusätzlich mit der Einhüllenden der Autokorrellationsfunktion der Lichtquelle moduliert wird. Die Lage dieses Interferenzmusters ist darüber hinaus abhängig von Δl, sodass hieraus die Länge der Messstrecke bestimmt werden kann. Die Genauigkeit dieser Messung ist dabei durch die Breite der Autokorrellationsfunktion, und damit durch die Kohärenzlänge des Lichtspektrums, bestimmt. Im Unterschied zur klassischen Weißlichtinterferometrie, in der solche lokalen Längenmessungen durchgeführt werden, um die Oberfläche eines Objekts zu bestimmen, wird bei der OCT nicht nur ein Korrellogramm gemessen, sondern der Interferenzkontrast im gesamten longitudinalen Messbereich. Auf diese Weise wird ein sogenannter A-Scan erzeugt, der die Reflektivität bzw. Rückstreuintensität der Probe in Abhängigkeit von z darstellt. Durch laterale Verschiebung der Probe kann diese gescant werden, wobei die aufgenommenen A-Scans als Spalten einer zweidimensionalen Matrix, dem so genannten B-Scan, zusammengefügt werden. Diese Matrix kann nun als Bitmap interpretiert und dargestellt werden, um ein Schnittbild des Gewebes zu erhalten (siehe Abb. 3.8). Nach ersten Versuchen in vitro (z. B. [CMWS92]), wurde dieses Verfahren in vivo erstmals in [FHD+93] und [SIH+93] bei Messungen am Auge angewandt.

Übliche Methoden zur Variation der Referenzstrecke umfassen den Einsatz von Piezoaktoren, rotierender Spiegel oder aber - im Falle eines faseroptischen Interferometers - eine mechanische Dehnung der Lichtleitfaser im Referenzarm. All diese Verfahren erfordern den Einsatz bewegter Komponenten, sodass der Messbereich und die Messrate von Time-Domain-OCT Systemen durch den verwendeten Scanmechanismus eingeschränkt sind.

Um diese Einschränkungen zu umgehen, wurde die Linear OCT entwickelt, bei der der gesamte Messbereich auf eine CCD Zeile abgebildet wird, wobei jeder Pixel das Interferenzsignal unterschiedlicher Messtiefen enthält. Dies kann erreicht werden durch ein Freistrahlinterferometeraufbau, in dem der Referenzspiegel leicht verkippt ist [DLPS07]. Damit wird der Lichtstrahl lateral mit einer variablen Referenzstrecke codiert. Alternativ können Proben- und Referenzlicht unter unterschiedlichen Winkeln auf eine CCD-Zeile gestrahlt werden. Auf diese Art entsteht ebenfalls ein entsprechendes Interferenzsignal. Um das Interferenzmuster durch die CCD-Pixel auflösen zu können, muss entweder ein kleiner Messbereich oder eine hohe Pixelzahl gewählt werden. Um dennoch mit moderaten CCD-Zeilenlängen einen großen Messbereich realisieren

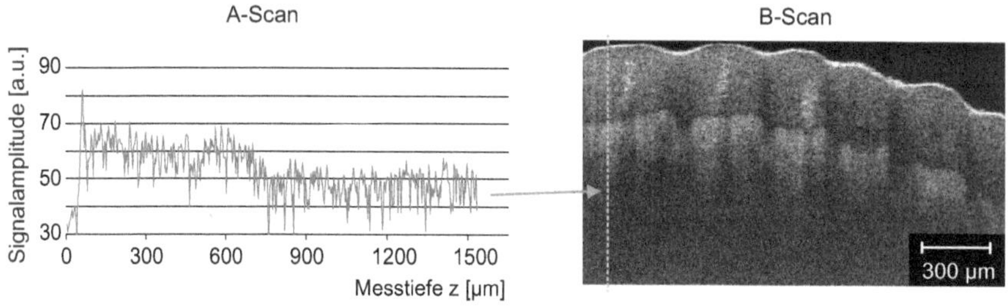

Abbildung 3.8: Ein Tiefenscan (A-Scan) und ein B-Scan, dessen Spalten aus einzelnen A-Scans bestehen und als Bitmap dargestellt wird.

zu können, wurden verschiedene Verfahren beschrieben, mit denen die Ortsfrequenz des Interferenzsignals am Detektor reduziert werden kann, zum Beispiel durch Ausnutzung von Moiré-ähnlichen Effekten [KHS$^+$04, KHH06]. Allen Time Domain Verfahren ist jedoch gemeinsam, dass nur ein geringer Teil des vorhandenen Lichts zur Signalentstehung beiträgt, nämlich der Anteil von Mess- und Referenzstrecke, der innerhalb der Kohärenzlänge interferiert.

Als Lichtquellen werden bei der OCT häufig Superlumineszenzdioden (SLD) eingesetzt, die Lichtleistungen im Bereich von 1-20 mW erzeugen, bei Kohärenzlängen von 5-20 µm. In den letzten Jahren ist aber auch der Einsatz von Femtosekundenlasern (fs-Lasern) vermehrt untersucht worden, mit denen Kohärenzlängen von bis zu 1 µm erzielt werden können (z.B. [SFM$^+$06]). Auf diese Weise lassen sich zwar extrem hoch aufgelöste OCT-Bilder erzeugen, jedoch sind fs-Laser aufgrund der sehr hohen Anschaffungskosten bislang selten in der Praxis anzutreffen.

3.2.1.2 Fourier Domain OCT

Der Interferenzterm in Gl. 3.32 beschreibt die detektierten Interferenzsignale bei Variation von Δl. Es ist jedoch möglich, Δl konstant zu halten, während k variiert wird, um äquivalente Signale zu erzeugen [HL98]. Dies kann auf zwei Arten geschehen: Durch Verwendung von breitbandigem Licht und späterer Analyse in einem Spektrometer, sowie durch Verwendung einer durchstimmbaren Lichtquelle [CSF97]. Da beide Verfahren im Frequenzraum arbeiten, spricht man in diesem Fall von Fourier Domain OCT[2] (FD-OCT), wobei im zweiten Fall der Term Swept-Source-OCT (SS-OCT) überwiegend verwendet wird.

[2] In der Literatur auch häufig Spektralradar genannt.

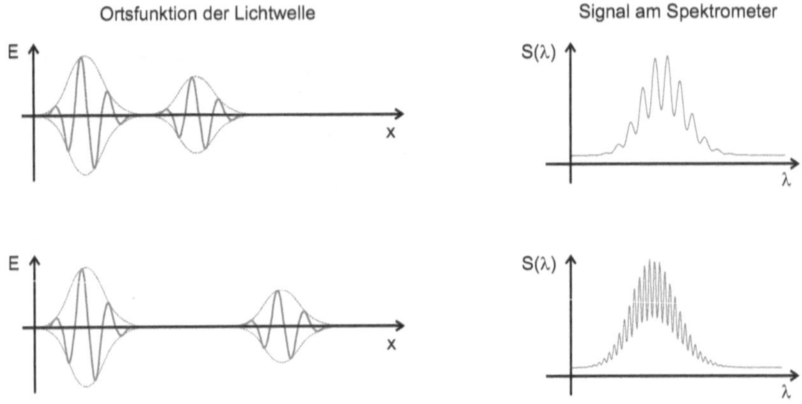

Abbildung 3.9: Signalentstehung bei der FD-OCT. Zwei zeitlich versetzte kurzkohärente Lichtpulse erzeugen Modulationen im Spektrum. Die Frequenz der Modulation ist abhängig vom Pulsabstand.

Ein einzelnes kurzkohärentes Wellenpaket, wie beispielsweise in Abb. 3.2 dargestellt, liefert bei spektraler Analyse wieder das Spektrum der Lichtquelle. Liegen jedoch zwei zeitlich versetzte Pulse vor, zum Beispiel durch eine von Null verschiedene Differenz in Mess- und Referenzstrecke, entstehen Modulationen im Spektrum. Dabei nehmen diese Modulationen die Form von sinusförmigen Signalen an, die dem Ursprungsspektrum aufgeprägt sind. Die Frequenz dieser Sinussignale sind dabei abhängig vom zeitlichen bzw. räumlichen Abstand der Wellenpakete (siehe Abb. 3.9), wie auch durch Fouriertransformation dieser Wellenform verifiziert werden kann.

Um dies zu illustrieren, wird dieser Zusammenhang in Anlehnung an [Bre06, S. 130ff.] hergeleitet. Gegeben sei eine Lichtquelle mit einer spektralen Intensitätsverteilung $S(k)$. Durch einen Strahlteiler wird der Lichtstrahl einerseits auf einen Spiegel mit der Reflexionsamplitude a_r gelenkt, andererseits trifft er auf eine Probe mit einem tiefenabhängigen Rückstreukoeffizienten $a(z)$ bzw. Brechungsindex $n(z)$. Das Interferenzsignal im Frequenzraum $I(k)$ ist damit gegeben durch die Summe dieser Terme:

$$I(k) = S(k) \cdot \left| a_r e^{i2kr} + \int_{z_0}^{\infty} a(z) e^{i2kn(z)(r+z)} dz \right|^2 \tag{3.33}$$

Dabei ist $2 \cdot r$ die Länge des Referenzarms und z_0 der Längenoffset zwischen Referenzarm und Probenoberfläche. Der Term $2(r+z)$ beschreibt weiterhin die Länge des Messarms, wobei

$2z$ der Weglängendifferenz Δl entspricht (siehe auch Abb. 3.10, links). Um die Rechnung zu vereinfachen wird $a_r = 1$ gesetzt und $r = 0$, da nur die Differenz der Weglängen von Belang ist. Mit der Beziehung

$$|x+y|^2 = |x|^2 + 2\mathrm{Re}\left[xy^*\right] + |y|^2 \tag{3.34}$$

kann Gleichung 3.33 umgeformt werden zu:

$$I(k) = S(k)\left(1 + 2\int_{z_0}^{\infty} a(z)\cos\{2kn(z)z\}\,dz + \int_{z_0}^{\infty}\int_{z_0}^{\infty} a(z')a(z)e^{i2kn(z-z')}dzdz'\right) \tag{3.35}$$

Der erste Term der Summe enthält das ursprüngliche Spektrum der Lichtquelle, während der zweite Term die Tiefeninformation der Probe trägt. Der dritte Term beinhaltet die gegenseitige Interferenz aller von der Probe ausgehenden Elementarwellen. Will man aus diesem Spektrum $a(z)$ gewinnen, müssen einige Annahmen gemacht werden. Zum einen wird der Kosinus durch die korrespondierende Exponentialfunktion substituiert. Weiterhin wird angenommen, dass $a(z)$ symmetrisch um $z = 0$ ist, sodass folgender Zusammenhang gilt:

$$A(z) = \frac{1}{2}a(z) + \frac{1}{2}a(-z) \tag{3.36}$$

Weiterhin wird $z_0 = z' - z$ gesetzt, sodass von $-\infty$ bis ∞ integriert werden kann. Damit wird Gleichung 3.35 zu:

$$I(k) = S(k)\left(1 + \int_{-\infty}^{\infty} A(z)e^{-i2kn(z)z}dz + \frac{1}{4}\int_{-\infty}^{\infty} \mathrm{AC}\left[A(z')\right]e^{i2kn(z)z}dz\right) \tag{3.37}$$

wobei AC die Autokorrelation ist. Damit lassen sich die letzten beiden Terme als Fouriertransformation F ausdrücken:

$$I(k) = S(k)\left(1 + \frac{1}{2}\mathrm{F}\left[A(z)\right] + \frac{1}{8}\mathrm{F}\left[\mathrm{AC}\{A(z)\}\right]\right) \tag{3.38}$$

Wendet man die inverse Fouriertransformation F^{-1} auf diese Gleichung an, ergibt sich folgender Zusammenhang:

$$\mathrm{F}^{-1}I(k) = \mathrm{F}^{-1}\left[S(k)\right] \otimes \left((\delta(z) + \frac{1}{2}A(z) + \frac{1}{8}\mathrm{AC}\{A(z)\}\right) = A \otimes (B + C + D) \tag{3.39}$$

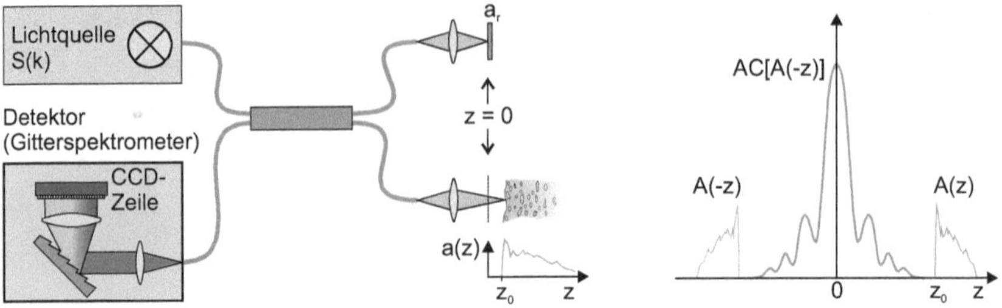

Abbildung 3.10: Links: Schematischer Aufbau eines FD-OCT-Systems. Rechts: Die Einzelkomponenten des berechneten Interferograms.

Die Faltung $A \otimes B$ ist die inverse Fouriertransformierte des Ausgangsspektrums und ist um $z = 0$ zentriert. Diese kann vom restlichen Signal getrennt werden durch Vergrößerung von z_0, also dem Abstand zwischen Probenoberfläche und der Referenzebene. Der Term $A \otimes C$ hingegen enthält die relevanten Informationen bezüglich des Rückstreuprofils der Probe. Durch die in Gleichung 3.37 getroffenen Annahmen tritt dieser Term symmetrisch um $z = 0$ auf. Durch die Faltung des Profils $A(z)$ mit der Signalform der Lichtquelle $\mathrm{F}^{-1}[S(k)]$ ist auch ersichtlich, dass die Auflösung durch die Breite der kurzkohärenten Wellenpakete bestimmt ist, also durch die Kohärenzlänge und damit auch der spektralen Breite der Lichtquelle. Der letzte Term $A \otimes D$ enthält die Autokorrelation des Probenprofils, also die internen Interferenzen der Probe. Diese sind auch meist um $z = 0$ zentriert, sodass durch Verschiebung der Referenzstrecke diese ebenfalls von $A(z)$ getrennt werden können (siehe hierzu auch Abb. 3.10).

Die Tatsache, dass aus der Fouriertransformierten des Spektrums $A(z)$ bestimmt werden kann, wird systemtechnisch so umgesetzt, dass das Licht aus der Messstrecke mit dem Referenzlicht überlagert wird. Das Licht wird schließlich in ein Gitterspektrometer gelenkt, wo es spektral zerlegt und mittels einer CCD-Zeile und D/A-Wandler in digitale Form überführt wird (siehe Abb. 3.10). Dieses Signal wird daraufhin gefiltert und invers fouriertransformiert, um einen A-Scan zu erhalten. Die Auflösung des Spektrometers bestimmt dabei die maximal messbare Modulationsfrequenz und damit den Messbereich des A-Scans. Die Breite des abgebildeten Spektrums ist dagegen mit der Auflösung des A-Scans gekoppelt, nicht zuletzt auch dadurch, dass die Genauigkeit der Fouriertransformation mit der Anzahl der abgebildeten Vollschwingungen der Modulationsfrequenzen steigt.

3.2.1.3 Signalinterpretation

Bei der OCT werden in der Regel mehrere lateral versetzte A-Scans aufgenommen und zu einer zweidimensionalen Wertematrix, dem B-Scan, zusammen gefügt. Diese kann als Intensitätsmap zweidimensional geplottet und ausgewertet werden. Dabei stellt die Helligkeit eines Pixels diejenige Lichtintensität dar, die aus der entsprechenden Stelle im Probenvolumen am Detektor auftrifft. Da bei der Signalentstehung eine Vielzahl von Prozessen sowohl im OCT-System als auch in der Probe eine Rolle spielen, ist die Interpretation von OCT-Bildgebungsdaten nicht immer trivial. Die Stärke des Interferenzsignals wird durch mehrere systematische Faktoren bestimmt, wie etwa der Ausgangsleistung der Lichtquellen, der Lichtintensität im Referenzarm und der Qualität der optischen Koppelstellen. Obwohl diese Randbedingungen wichtig für die Gesamtbildgebungsqualität sind, so wirken sie sich gleichermaßen auf alle Pixel des B-Scans aus und sind für die Interpretation eines OCT-Bildes zweitrangig.

Probenseitig ergibt sich hierbei ein differenzierteres Bild. In erster Linie beeinflusst die verwendete Fokussieroptik die Bildgebung [SKYE94]. Die Spotgröße auf der Probe bestimmt maßgeblich die laterale Auflösung, wirkt sich aber auch auf die axiale Auflösung aus, da bei einem großen Messfleck zunehmend mehrfach gestreutes Licht in den Strahlengang zurück gelangen kann. Um eine gute Fokussierung zu erreichen, können nach den Prinzipien der Gauß'schen Optik kurzbrennweitige Fokussieroptiken eingesetzt werden. Die damit verbundene höhere Numerische Apertur resultiert in einer besseren Empfindlichkeit, da zurück gestreutes Licht aus einem größeren Raumwinkel eingesammelt werden kann. Dies geschieht jedoch auf Kosten des lateralen Messbereichs und der Schärfentiefe.

An Grenzflächen zwischen Schichten unterschiedlicher Brechungsindizes, zum Beispiel am Übergang Luft-Probe, tritt in der Regel im A-Scan ein Intensitätspeak auf, der durch Fresnelreflexion an dieser Grenzfläche entsteht. Die Höhe dieses Peaks korreliert dabei also mit der Reflektivität der Oberfläche. In der Probe selbst bestimmen Streu- und Absorptionsprozesse das Verhalten des Lichts (vgl. Abschnitt 3.1.3), die den Lichtstrahl bei Durchlaufen des Mediums exponentiell abschwächen. Unter Annahme eines homogenen streuenden Mediums ist dieser Abfall durch $I = I_0 \exp(-\mu_t z)$ gegeben [SKB93]. Aus diesem Grund wird zur Darstellung von A- und B-Scans fast ausschließlich eine logarithmische Skala gewählt, so dass diese Abschwächung als linearer Abfall im A-Scan zu erkennen ist. Derjenige Anteil, welcher entsprechend des Rückstreukoeffizienten μ_b in einem Volumenelement zurück gestreut wird und wieder durch das Medium zum Detektor gelangt, bestimmt letztendlich die Signalstärke im entsprechenden B-Scan-Pixel. Um diese Zusammenhänge zu verdeutlichen, ist in Abbildung 3.11 ein Probekör-

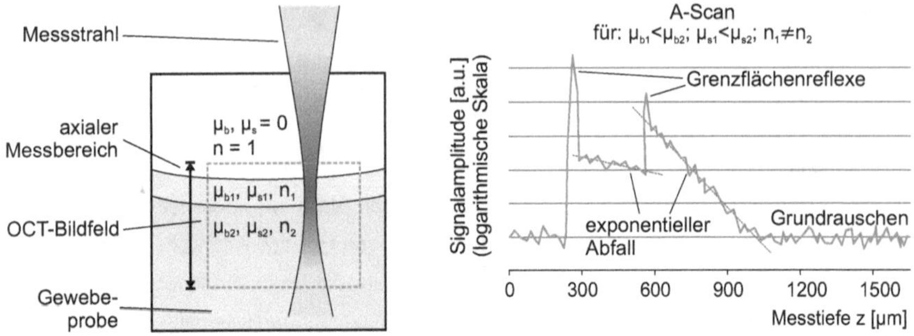

Abbildung 3.11: Ein exemplarischer, zweischichtiger Probekörper (links) und der daraus entstehende A-Scan (rechts) unter Vernachlässigung von Absorption. Der Streukoeffizient bestimmt dabei den Signalgradienten, wohingegen der Rückstreukoeffizient dem Signal einen initialen Offset verleiht.

per mit dazugehörigem A-Scan exemplarisch dargestellt. Letztlich gilt es zu berücksichtigen, dass wie bei allen interferometrischen Messverfahren im A-Scan nicht die geometrische, sondern die optische Weglänge dargestellt ist. Dementsprechend können durch lokale Variationen im Brechungsindex Bildverzerrungen entstehen (siehe Abb. 3.12).

Zusammenfassend lässt sich also sagen, dass Areale mit hoher Amplitude im B-Scan einer hohen Rückstreuung bzw. Reflexion entsprechen, wohingegen niedrige Amplituden eine geringe Rückstreuung kennzeichnen. Die lokalen Signalamplituden können jedoch zur Bestimmung der Materialeigenschaften nicht allein betrachtet werden, da die absolute Summe des aus einem Volumenelement kommenden, detektierten Lichts gewissermaßen von der „Historie" des Strahls abhängig ist. So können beispielsweise dunkle Bildbereiche auch dadurch entstehen, dass der Lichtstrahl durch ein zuvor passiertes, stark streuendes Volumengebiet abgeschwächt wurde (Schattenbildung, siehe hierzu Abb. 3.12). Erschwerend kommt hinzu, dass für eine genauere Betrachtung die Mehrfachstreuung der Photonen berücksichtigt werden muss [YSB95]. Um das Bildgebungsverhalten der OCT in streuenden Medien abschätzen zu können, sind in der Vergangenheit analytische und numerische Modelle zur Lichtausbreitung entwickelt worden [SK97, YW99, Wan02], so dass für eine Vertiefung dieses Themas auf diese Quellen verwiesen sei.

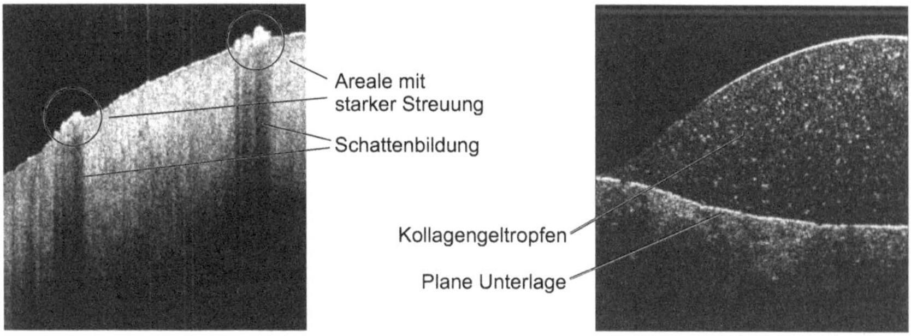

Abbildung 3.12: Beispiele für „Bildfehler" in OCT B-Scans. Links: Schattenbildung durch stark streuende Areale. Rechts: axiale Verzerrung durch Änderungen in der optischen Weglänge.

3.2.2 Anwendung der OCT in der Praxis

Die OCT eignet sich vorrangig dazu, transparente und streuende Medien volumetrisch zu messen. Vor diesem Hintergrund sind eine Vielzahl von Untersuchungen zur OCT-Bildgebung von biologischem Gewebe durchgeführt worden, allen voran in der Augenheilkunde (Ophthalmologie). Die Vorteile der OCT gegenüber anderen optischen Verfahren liegen darin, dass die axiale (Tiefen-)Auflösung unabhängig von der Apertur des Messstrahls ist und dass das Auswerteverfahren eine höhere Eindringtiefe in streuende Medien erlaubt, als es zum Beispiel bei der konfokalen Mikroskopie der Fall ist.

Gegenüber anderen, nicht-optischen Messverfahren wie beispielsweise Ultraschallbildgebung oder Computertomographie (CT) kann die OCT weitere Vorteile vorweisen:

- Berührungslose Messung bzw. nicht invasive Anwendung
- Hohe axiale und transversale Auflösung
- Geringer technischer Aufwand und Kosten (bspw. im Vergleich zu CT)
- Möglichkeit zur Kombination mit weiteren Funktionen, zum Beispiel polarisationsempfindliche Auswertung oder Laser-Doppler-Flussmessung in Blutgefäßen.

Dies eröffnet der OCT eine Vielzahl von Anwendungen in der Messtechnik und medizinischen Diagnostik. Dementsprechend haben die Fortschritte in der Entwicklung der OCT dazu geführt, dass eine Reihe von Herstellern kommerzielle OCT-Geräte anbieten, zum Beispiel Thorlabs HL GmbH, Carl Zeiss Meditec AG oder ISIS Optronics GmbH. Dabei hat sich die FD-OCT zunehmend gegenüber Time-Domain-Verfahren durchgesetzt.

Die Augenheilkunde ist nach wie vor der wichtigste klinische Anwendungszweig der optischen Kohärenztomographie. Dies begründet sich zum Einen auf der guten Transparenz des Augapfels sowie der Größenordnung der zu messenden Strukturen. Bereits vor der Entwicklung der OCT wurden interferometrische Methoden zur Messung der Augenlänge untersucht [FMW88]. Die ersten in vivo Messungen mittels OCT wurden daher am Auge vorgenommen [FHD$^+$93]. Obwohl eine Messung der Hornhaut und Linse des Auges mit OCT demonstriert wurden [HB02, BGG$^+$02], bleibt die Hauptanwendung bei der Messung des Augenhintergrunds [DMK$^+$99, DSJ$^+$01, DSH$^+$03, PFD06], beispielsweise zur Diagnose des Grünen Stars (Glaukom) [LS00, S. 75-104]. Dabei kommen vermehrt aufwändige kurzkohärente Femtosekundenlaser als Lichtquelle zum Einsatz, um axiale Auflösungen im Bereich 1-2 µm zu erreichen. Für diese Anwendung sind auch kommerzielle Geräte auf dem Markt erhältlich, zum Beispiel das Zeiss Meditec Cirrus^{TM} HD-OCT.

Neben der Ophthalmologie wurden in der Vergangenheit eine Vielzahl anderer klinischer Anwendungsfelder für die OCT untersucht. Diese umfassen die Urologie [DKL$^+$06, XXFP03], die Gastroenterologie [IKW$^+$96] bis hin zur Gefäßmedizin [TBB$^+$97]. Neben Messungen in der Mundhöhle an Mundschleimhaut und Zähnen [FRSG98] sind ebenfalls eine Vielzahl von Untersuchungen an Kniegelenkknorpel publiziert worden, sowohl am Menschen [CLG$^+$04] als auch am Tiermodell [RAJP$^+$03]. Ziel ist hier vorrangig die Früherkennung von Arthrose, also dem Verschleiß des Gelenkknorpels [LFCK00]. Zu diesem Zweck wurde auch polarisationsempfindliche OCT eingesetzt, mit der sich deutliche Unterschiede zwischen gesundem und beschädigtem Knorpelgewebe zeigen [DSJ$^+$01]. Die genannten Beispiele illustrieren das hohe klinische Potenzial, das der OCT zugeschrieben wird. Ein Großteil dieser Arbeiten zielt darauf ab, neue Möglichkeiten in der klinischen Diagnostik zu schaffen, um schnell und schonend klinisch relevante Daten zu generieren, um so aufwändigere Verfahren, wie etwa histopathologische Mikroskopieschnitte von Gewebeproben (Biopsien), abzulösen. Eine detaillierte und ausführlichere Übersicht über die Anwendung der OCT in der medizinischen Praxis finden sich in [FDHL03, Bre06].

Die Messung technischer Bauteile mittels kurzkohärentem Licht ist eine weit verbreitete Methode in der Präzisionsmesstechnik. Insbesondere bei der nanometergenauen Messung von Oberflächen hat sich das dort als Weißlichtinterferometrie bezeichnete Verfahren etabliert [Pfe98]. Bei der Messung von technischen Bauteilen aus Metall ist jedoch eine tomografische Bildgebung aufgrund der verschwindenden Transmittivität des Materials nicht möglich und üblicherweise auch nicht gewünscht. Dennoch ist die OCT für spezielle Anwendungen denkbar, etwa in der Kunststoff- oder Beschichtungstechnologie. Insbesondere die volumetrische Messung faserverstärkter Verbundmaterialien war Gegenstand von Untersuchungen [DPG+99, DPS+01], aber auch andere Werkstoffe wie Fotolackschichten für die Fabrikation von mikromechanischen Systemen wurden mittels OCT erfolgreich abgebildet [SWE+06].

Aufgrund der Ähnlichkeit von in vivo Gewebe und Tissue-Engineering-Produkten ist es nahe liegend, auch hier die OCT zur Bildgebung anzuwenden. Jedoch sind die Einsatzmöglichkeiten dieser Technologie bei der Prozessüberwachung im Tissue Engineering nur vereinzelt untersucht worden, obwohl seit vielen Jahren die OCT erfolgreich bei der klinischen Untersuchung unterschiedlicher Gewebe eingesetzt wird. In [MMT+04] wurde erstmals die OCT im Tissue Engineering eingesetzt. Die Messungen erfolgten dabei in situ an künstlich hergestelltem Sehnengewebe innerhalb eines Bioreaktors während der Kultivierung. Bei [SFM+06] und [YDQ+06] hingegen wurde die OCT als Bildgebungswerkzeug zur detaillierten Darstellung sowie des nicht-invasiven Monitorings der Zellaktivität demonstriert an künstlich erzeugten Strukturen im Rahmen einer in vitro Gewebekultivierung. In [SFM+06] wird dabei anhand einzelner Messungen die erfolgreiche Bestimmung unterschiedlicher Zellschichtdicken künstlicher Hautäquivalente präsentiert, ähnlich den im Rahmen dieser Arbeit betrachteten Hautmodelle, und zeigt dabei wesentliche Vorteile der OCT gegenüber den invasiven Methoden der Histologie sowie der Immunofluoreszenz-Mikroskopie auf. Eine Validierung des OCT-Verfahrens als Werkzeug zur kontinuierlichen Qualitätsprüfung von Hautmodellen während des Kultivierungsprozesses ist im Rahmen der hier genannten Publikationen jedoch nicht erfolgt. Auch konnten in der Literatur keine Systemkonzepte zur Integration eines OCT-Systems in eine Brutschrankumgebung zwecks in situ Prozessüberwachung identifiziert werden.

3.2.3 Applikatorsonden für die OCT

Um mittels OCT zweidimensionale Schnittbilder von Gewebe generieren zu können, ist es erforderlich, mehrere räumlich versetzte A-Scans aufzunehmen, um diese schließlich in Form einer Grauwertkarte darstellen zu können. Während es unter Laborbedingungen üblich ist, entweder die Probe lateral zu verschieben oder den Lichtstrahl scannend über die Probe zu bewegen, besteht für diverse Anwendungen ein Bedarf zur Miniaturisierung des lateralen Scanmechanismus. Dies ist zum Beispiel in der minimal-invasiven medizinischen Diagnostik der Fall, bei der über endoskopische Methoden medizinische Aussagen über ein Gewebeareal getroffen werden soll. Aber auch im Tissue Engineering sind die zu untersuchenden Proben nicht immer frei

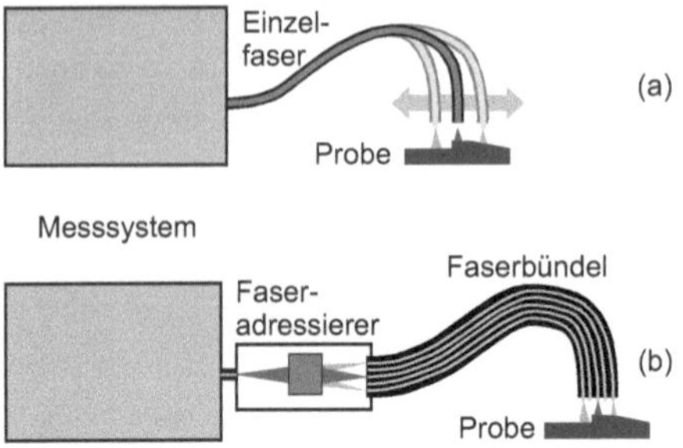

Abbildung 3.13: Darstellung der unterschiedlichen Scankonzepte. (a) distales Scanning. (b) proximales Scanning.

zugänglich und befinden sich darüber hinaus häufig in für opto-elektronische Aufbauten widrigen Umgebungen, zum Beispiel in einer Brutschrankatmosphäre (37 °C, 100% Luftfeuchte). Aus diesen Gründen wurden in den vergangenen Jahren unterschiedliche Konzepte zur Miniaturisierung der OCT-Scanvorrichtungen entwickelt. Da diese in erster Linie für die Anwendung in der endoskopische Diagnostik vorgesehen sind, sind diese Systeme häufig die Form faseroptischer Sonden ausgelegt. Die Aufgabe, die von diesen Sonden erfüllt werden muss, ist der Transport des Lichts vom OCT-Auswertesystem zum Messort, um dort verschiedene lateral versetze Orte auf der Probenoberfläche anzufahren und schließlich das reflektierte Licht wieder zum OCT-System zu führen. Insbesondere bei der minimal-invasiven Diagnostik sind hier hohe Scanraten gewünscht, um in Echtzeit zweidimensionale Schnittbilder erzeugen zu können, da im Operationssaal die Geräte häufig manuell geführt werden und dabei Verwacklungen zu fehlerhaften OCT-Bildern führen. Im Folgenden werden unterschiedliche Konzepte für OCT-Sonden vorgestellt, die zur Anwendung der OCT im Tissue Engineering potenziell eingesetzt werden können.

Grundsätzlich unterscheidet man bei faseroptischen Sonden zwischen so genannten distal und proximal scannenden Systemen[3]. Beide Scanverfahren zielen darauf ab, einen Lichtstrahl transversal zu positionieren. Dabei wird im distalen Fall eine einzelne Lichtleitfaser als Sonde verwendet, die entweder vor der Probe bewegt wird oder einen Mechanismus zur Ablenkung des Lichtstrahls in dessen Spitze trägt. Bei dem proximalen Scanning wird ein Bündel aus Fasern verwendet, die geräteseitig einzeln ausgelesen werden. Durch den lateralen Versatz der Lichtleiter im Bündel können so A-Scans an unterschiedlichen Stellen der Probe aufgenommen werden (siehe Abb. 3.13).

[3]Hier wird die in der Medizin übliche Terminologie aufgegriffen, in der das patientenseitige Ende eines Geräts als distal und das geräteseitige Ende als proximal bezeichnet wird.

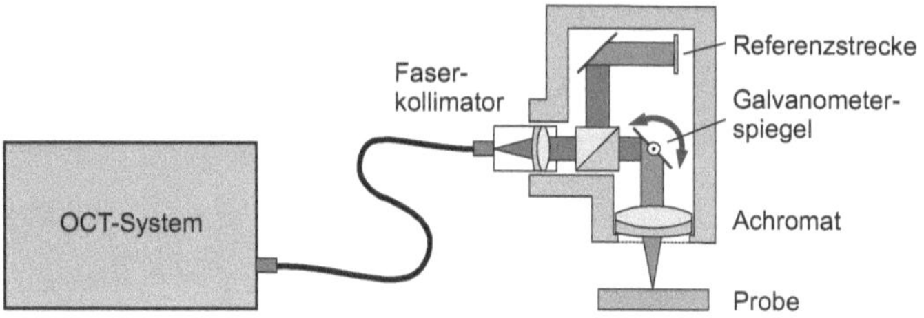

Abbildung 3.14: Schematischer Aufbau eines OCT-Handscanners mit Galvanometerspiegel.

Eine häufig anzutreffende Realisierungsform einer OCT-Sonde ist die eines miniaturisierten Handscanners mit Galvanometerspiegel, wie in Abb. 3.14 dargestellt. Dieser wird über ein Glasfaserkabel mit dem OCT-System verbunden und enthält optische Komponenten zur Strahlkollimation und -fokussierung sowie häufig eine integrierte Referenzstrecke. Kernkomponente ist ein Galvanometerscanspiegel, der über eine Datenleitung angesteuert wird und der den fokussierten Strahl lateral auf der Probe positioniert. Der Galvanometerspiegel erlaubt dabei hohe Scanraten im kHZ-Bereich, jedoch ist dieser Aufbau aufgrund der Größe der einzelnen Komponenten in seiner Miniaturisierbarkeit eingeschränkt. Daher werden solche Handscanner lediglich für Messungen an frei zugänglichen Messstellen eingesetzt. Um dennoch diese Technik bei endoskopischen Eingriffen einsetzen zu können, wurden von mehreren Forschergruppen endoskopische OCT-Scanner entwickelt, der über eine verlängerte Teleskopoptik mit geringem Durchmesser verfügen und damit ähnlich wie ein herkömmliches Endoskop eingesetzt werden können. Entsprechend des speziellen Anwendungsfeldes, zum Beispiel der Urologie oder Arthroskopie, sind hier unterschiedliche Bauformen mit beispielsweise 0 ° oder 90 °-Optiken anzutreffen, die ein optimales Anfahren des zu messenden Gewebeareals gestatten.

Ein Beispiel für ein distal scannendes System ist eine Fasersonde auf Basis von MEMS-Technik[4] [XXFP03, JMA$^+$07]. Dabei wird das Licht durch einen beweglichen Mikrospiegel in der Sondenspitze lateral positioniert (siehe Abb. 3.15). Das Licht wird über eine Lichtleitfaser in die Sondenspitze geführt, dort mittels Mikrooptiken fokussiert und über den Mikrospiegel auf die Probe gelenkt. Der Spiegel wird durch einen Bimorph angetrieben, der eine Kombination aus zwei Querdehnelementen ist, die bei Anlegen einer elektrischen Spannung ihre Länge ändern. Eine entgegengesetzte Ansteuerung der Elemente bewirkt eine Verbiegung des Aktors und damit eine definierte Verkippung des Spiegels. Auf diese Weise lassen sich Sonden mit Durch-

[4]MEMS: Micro Electro Mechanical System

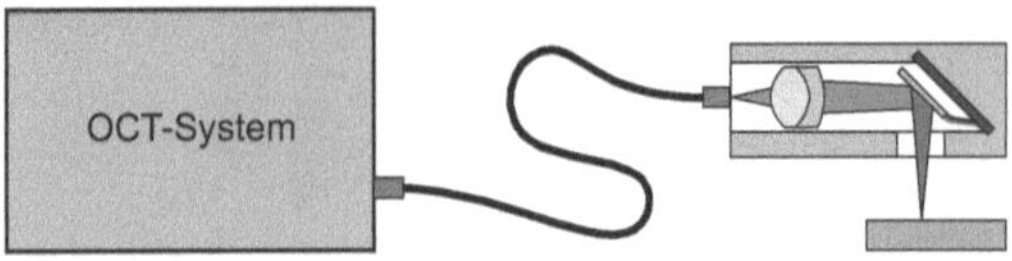

Abbildung 3.15: Skizze einer miniaturisierten Messsonde auf Basis eines MEMS-Spiegels

messern von 3 mm realisieren, jedoch ist aufgrund der starren Sondenspitze ein Einsatz mit flexiblen Endoskopen nur eingeschränkt möglich. Darüber hinaus müssen wie bei dem Galvanometerscanner hohe elektrische Spannungen in die Sondenspitze geführt werden. Dies erhöht das Risikopotenzial beim Einsatz und macht diese Technik anfällig für Störungen durch elektromagnetische Felder.

Für die klinische Forschung im Bereich der Gefäßmedizin wurde eine weitere Sonde entwickelt, die sich eines anderen distalen Scankonzepts bedient [TBB+97]. Bei dem Drehsondenkatheter befindet sich eine Fasersonde drehbar gelagert in einer starren Hülse. An der Spitze der Faser wird mittels eines Mikroprismas das Licht um 90° abgelenkt und tritt durch ein Fenster in der Hülse aus. Dieses Fenster kann bis zu 360° des Hülsenumfangs umfassen. Die Faser ist am proximalen Ende an einen externen Drehaktor gekoppelt und kann so innerhalb der Hülse rotiert werden. Es wurde gezeigt, dass auf diese Weise zylindrische Hohlkörper, zum Beispiel Blutgefäße, mittels OCT gemessen werden können [SKYE94]. Für ebene Prüfkörper jedoch ist dieses Verfahren prinzipbedingt nur für kurze Scanbereiche einsetzbar.

In Fällen, bei denen es unerwünscht ist, elektromechanische oder starre optische Komponenten in der Sonde zu verwenden, bieten sich proximale Scanverfahren an. Hier besteht die eigentliche Sonde nur aus den passiven und flexiblen Glasfasern, die zu einem Bündel gefasst sind und einzeln ausgelesen werden. Die dafür notwendige Einheit zur Adressierung der Fasern des Sondenbündels kann verschiedene Formen annehmen. Ähnlich wie in Fasermultiplexern aus der Telekommunikationsindustrie können mechanische Positioniervorrichtungen zum Einsatz kommen, welche die vom OCT-System kommende Faser wahlweise vor eine der Sondenfasern positioniert. In [LAC+07] ist ein solches System beschrieben, das aus einem linearen Faserarray besteht, dessen Einzelfasern mit einem Multiplexer einzeln ausgelesen werden. Dabei wurde gezeigt, dass die Erzeugung von OCT-Bildern auf diese Weise möglich ist, auch wenn das System aus nur 8 Fasern bestand und damit eine geringe laterale Auflösung aufweiste. Ein ähnlicher Ansatz wurde in [XMG+05] verfolgt, wobei hier ein endoskopisches Bildleiterbündel als Sonde verwendet wurde, das bei der eingesetzten Lichtwellenlänge von 1310 nm weitgehend

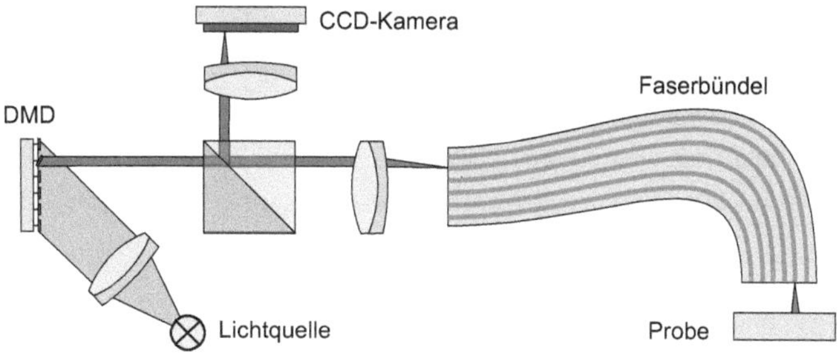

Abbildung 3.16: Skizze einer proximal scannenden Fasersonde auf Basis eines DMD.

singlemodig fungiert. Mittels eines Lineartischs wurden einzelne Zeilen des aus 50.000 Fasern bestehenden Bündels abgescannt und so B-Scans einer Probe aufgenommen.

Für die konfokale Endomikroskopie ist ein System entwickelt und untersucht worden, der sich einer Mikrospiegelmatrix, eines so genannten DMDs[5], zum Auslesen der Fasern bedient [Kro04]. Das Licht wird über das DMD auf die proximale Sondenendfläche gelenkt, und dort in die Fasern eines Bildleiterbündels eingekoppelt (siehe Abb. 3.16). Durch Aus- bzw. Einschalten einzelner Spiegel können einzelne Fasern selektiv ausgelesen werden. Durch sequentielles Abtasten aller Fasern des Bündels entstehen so zweidimensionale Messdaten. Da dieser Aufbau für die konfokale Mikroskopie ausgelegt war, wurden in dem Faserbündel Multimodefasern verwendet. Inwiefern dieser Aufbau auch zur Ansteuerung einer Sonde aus Singlemodefasern geeignet ist bislang nicht untersucht worden.

3.3 Zwischenfazit

Die optische Kohärenztomographie (OCT) ist ein berührungsloses, optisches Messverfahren, mit dem Querschnittsbilder von transparenten und streuenden Medien mit Tiefenauflösungen von wenigen Mikrometern erzeugen werden können. Auf Basis der Weißlichtinterferometrie wird dabei die lokale Rückstreuintensität einer Probe in Abhängigkeit von der Tiefe und der lateralen Position bestimmt und als Grauwertkarte grafisch ausgegeben. In einer Vielzahl von Untersuchungen ist in der Vergangenheit gezeigt worden, dass die OCT in der Lage ist, biologisches Gewebe darzustellen, um so klinisch relevante Informationen bereit zu stellen. Der Einsatz der

[5]DMD: Digital Micromirror Device

OCT als Prüfmittel im Tissue Engineering, insbesondere bei der Kultivierung von künstlichen Hautmodellen, ist jedoch bislang nur sporadisch untersucht worden. Obwohl ein Einsatz der OCT aufgrund der hohen Ähnlichkeit zwischen in vivo Gewebe und TE-Produkten nahe liegt, fehlen derzeit Kenntnisse über die Möglichkeiten und Grenzen dieser Technologie bei der Anwendung im TE sowie Konzepte zur Integration eines OCT-Systems in eine biologische Kultivierungsumgebung.

Der Stand der Technik umfasst ein breites Spektrum an OCT-Verfahren und Messsonden. Es scheint daher plausibel, aus den Anforderungen an eine TE-Prozessüberwachung ein realisierbares OCT-Systemkonzept zur Messung von Hautmodellen ableiten zu können. Die Fragen, ob diese Annahme berechtigt ist, wie ein solches System realisiert werden kann und inwiefern die OCT sich grundsätzlich zur Prüfung von künstlichen Hautmodellen eignet, sind die Grundlage der weiteren Betrachtungen in dieser Arbeit.

Kapitel 4

Konzept eines OCT-Systems zur Prozesskontrolle im Tissue Engineering

Wie in Kapitel 2 dargelegt, birgt das Tissue Engineering ein hohes Potenzial für die Prozessautomatisierung. Die dort eingesetzten Herstellungsprozesse sind derzeit noch stark von manueller Arbeit geprägt, wobei für die Qualitätssicherung auf Standard-Laborverfahren, wie beispielsweise mikroskopische Querschnittsbilder, zurück gegriffen wird. Die OCT hingegen hat sich in den letzten Jahren zu einem leistungsfähigen Messverfahren weiterentwickelt, mit dem zerstörungsfrei hoch aufgelöste, volumetrische Daten von biologischem Gewebe erzeugt werden können. Der Transfer dieser Technologie in das Tissue Engineering liegt daher nahe.

Zur Beantwortung der in Abschnitt 1.2 gestellten Forschungsfragen, ob und wie eine Prozesskontrolle mittels OCT möglich ist, muss nun die Synthese von biotechnologischen Anforderungen und dem Stand der Forschung erfolgen. Inhalt dieses Kapitels ist daher die Ableitung eines Konzepts zur Integration einer OCT-basierten Prozesskontrolle bei der Produktion von künstlichem Gewebe. Als Betrachtungsrahmen wird dabei die Herstellung von künstlichen Hautmodellen festgelegt.

Zu Beginn der Konzepterstellung werden Randbedingungen bzw. Anforderungen an ein OCT-Messsystem für die Prozesskontrolle aus diesem Anwendungsfall abgeleitet. Dem gegenübergestellt weist das zu entwickelnde Messsystem ein Reihe von technischen Freiheitsgraden auf, zum Beispiel die Wahl der Auswertemethode oder das Sondendesign. Durch Abgleich der technischen Möglichkeiten mit den Anforderungen wird ein Systemkonzept erstellt, in dem die hardwaretechnischen Vorgaben an das OCT-System enthalten sind. Abschließend werden Versuche definiert, mit deren Durchführung das Systemkonzept praktisch überprüft werden soll.

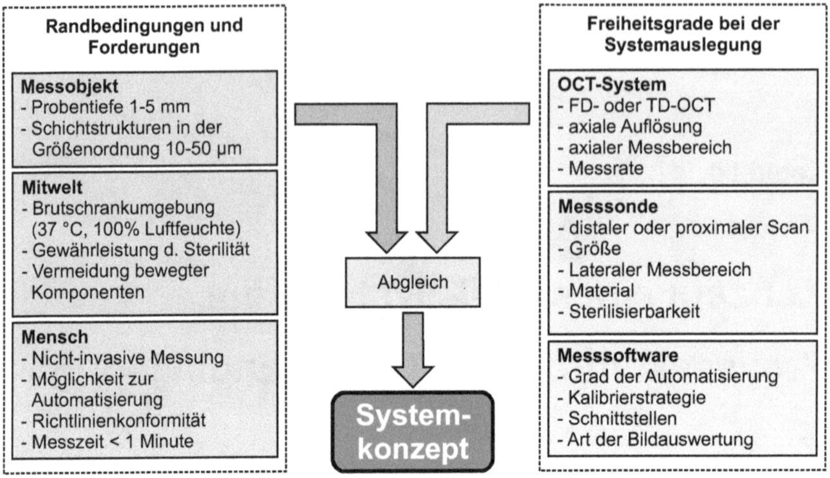

Abbildung 4.1: Darstellung der Anforderungen an das Messsystem gegenüber den Freiheitsgraden bei der Systemauslegung.

Die zu erfüllenden Randbedingungen sowie die technischen Freiheitsgrade sind in Abbildung 4.1 grafisch dargestellt. In den folgenden Abschnitten werden zu erst die Anforderungen an das Messsystem im Detail diskutiert und schließlich deren Konsequenzen für das Systemdesign erörtert. Aus diesen Betrachtungen heraus wird das Konzept des Gesamtsystems sowie der Teilsysteme hergeleitet.

Die zweite Hälfte dieses Kapitels widmet sich schließlich der Umsetzung des Systemkonzepts in ein Systemdesign. Dabei werden die Komponenten der Teilsysteme ausgelegt und deren Funktionalität theoretisch betrachtet. Die endgültige Umsetzung und Validierung des Messsystems erfolgt dabei in den Kapiteln 5 und 6.

4.1 Definition und Diskussion der Anforderungen

Die Anforderungen, die an ein Messsystem zur Qualitätskontrolle in der Produktion von künstlichen Hautmodellen gestellt werden, können in Anlehnung an [Pfe98, S. 48] in drei Hauptgruppen unterteilt werden. Zum Einen steht selbstverständlich das *Messobjekt*, also das Hautmodell, im Vordergrund der Betrachtungen. Dessen Dimensionen und die Größe der zu messenden Substrukturen bestimmen die Auslegung des OCT-Systems hinsichtlich Messbereich und Auflösung.

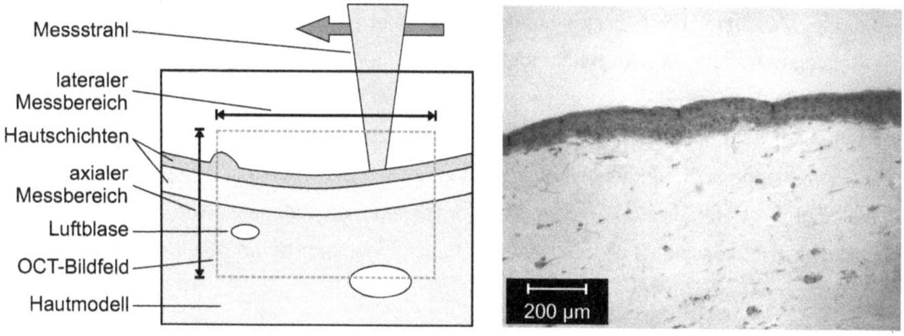

Abbildung 4.2: Darstellung des Messobjekts „Hautmodell“. Links: Skizze eines Hautmodells mit relevanten Merkmalen und Geometrien. Rechts: Histologie eines Hautmodells.

Weiterhin wird das Systemkonzept, insbesondere das Scankonzept, stark durch die *Mitwelt* beeinflusst. Die Brutschrankatmosphäre, in dem die Hautmodelle kultiviert werden, stellt besondere Anforderungen an die Auslegung der einzelnen Komponenten.

Letztlich stellt auch der *Mensch* Forderungen an das Messsystem, die aus praktischen, ökonomischen oder gesetzlichen Rahmenbedingungen resultieren. Diese werden ebenfalls bei der Systemauslegung in die Betrachtungen einbezogen. Die in Abbildung 4.1 dargestellte Übersicht dieser Anforderungen wird in den folgenden Abschnitten nun weiter erläutert.

4.1.1 Messobjekt

Das Prüfobjekt ist in dem vorliegendem Fall ein künstliches Hautmodell, das aus mit Zellen besiedeltem Kollagen besteht (siehe hierzu Abb. 4.2). Dieses wird in Mikrotiterplatten (MTP) kultiviert, wobei diese beispielsweise als 24- oder 6-Well-Platten vorliegen können. Daraus ergeben sich zylindrische Hautmodelle mit einem Durchmesser von 5 bis 30 mm. Je nach Kollagenmenge, die zum Aufbau der Modelle verwendet wird, ergeben sich Dicken in der Größenordnung von 1 bis 5 mm. Im Extremfall sollte das Messsystem demnach in der Lage sein, Querschnittsbilder mit einem Bildfeld von 30 mm x 5 mm aufzunehmen.

Bei der Messung der Hautmodelle können jedoch unterschiedliche Prüfszenarien auftreten, welche diese Maximalforderung einschränken. Interessant für die Prozessregelung ist beispielsweise die Struktur der Gewebeschichten, wie sie sich an der Oberfläche des Hautmodells ausbilden. Diese sind in der Regel lediglich bis zu 100 µm dick. Zur Messung dieser Strukturen ist demnach ein axialer Messbereich von einigen hundert Mikrometern ausreichend. Ein zweites Szenario ist die Detektion von Defekten im Hautmodell. Diese können in Form von Blasen im Kollagen auftreten oder in Form von Rissen oder Deformationen des Hautmodells. Während Deformationen, welche durch Schrumpfungsprozesse ausgelöst werden können, ebenfalls einfach anhand der Oberflächentopographie erkannt werden können, stellen Blasen, die sich in großer Tiefe befinden eine größere Herausforderung dar. Da aber tief liegende Materialdefekte wenig Einfluss auf die biologisch interessanten, oberen Hautschichten haben, kann deren Detektion eine niedrigere Priorität eingeräumt werden.

Für die Aufnahme eines vollständigen Querschnittsbilds der Probe muss der laterale Messbereich des Systems mindestens so groß wie der Durchmesser der Probe sein. Dies hat jedoch auch Folgen für den axialen Messbereich, da in der Praxis sehr oft ein „Durchhängen" der Hautmodelle in den Wells zu beobachten ist. Die Höhendifferenz zwischen Oberflächenpunkten am Probenrand und in der Probenmitte beträgt bis zu einem Millimeter. Damit das Messsystem die Probe komplett darstellen kann, muss also im axialen Messbereich ein zusätzlicher Puffer eingebaut werden. Ist jedoch nur die lokale Analyse der Schichtstruktur des Hautmodells von Interesse, kann ein kleinerer lateraler Messbereich von 1 bis 3 mm ausreichen, um die nötigen Informationen zu erhalten. Um diese Gewebeschichten auflösen zu können, ist eine ausreichende axiale Auflösung zu wählen.

Da die Einzelschichten des Hautmodells Dicken im Bereich von 5-50 µm aufweisen, sollte die Auflösung des OCT-Systems entsprechend besser sein. Damit befindet sich die Messaufgabe im Randbereich dessen, was mit der OCT möglich ist. Darüber hinaus müssen die Schichten ausreichend hohe Unterschiede in den optischen Eigenschaften Streuung und Absorption aufweisen, damit sie mittels OCT differenziert werden können. Die laterale Auflösung ist bei der Auslegung des Messsystems vorerst sekundär, da Schwankungen in der Dicke der Schichten voraussichtlich nicht im kleinen Maßstab auftreten und darüber hinaus von Hersteller- und Kundenseite unerwünscht sind. Die hier getroffenen Annahmen bezüglich Messbereich und Auflösung gilt es später im Experiment zu verifizieren.

4.1.2 Mitwelt

Die Mitwelt, in der das Messsystem im vorliegenden Fall agieren muss, ist die Brutschrankumgebung, in der die Hautmodelle kultiviert werden. Diese Umgebung ist bestimmt durch die besonderen atmosphärischen Bedingungen, die für ein optimales Zellwachstum ausgelegt sind. Im Fall einer Herstellung von künstlichen Hautmodellen bedeutet dies eine Lufttemperatur von

37 °C sowie eine relative Luftfeuchtigkeit von 100%. Klassische elektro-optische Aufbauten können in einer solchen Umgebung nur eingeschränkt eingesetzt werden. Einerseits werden sensible elektronische Komponenten durch diese Atmosphäre gestört oder gar beschädigt. Andererseits neigen optische Komponenten bei diesen Luftfeuchtigkeiten dazu zu beschlagen. Jegliche elektronischen Geräte sollten daher entweder außerhalb der Brutschränke aufgebaut werden, oder aber luftdicht gekapselt werden. Letzteres würde jedoch nicht negative Temperatureinflüsse eliminieren, zum Beispiel, dass das Rauschen von CCD-Chips mit zunehmender Temperatur ansteigt.

Zusätzlich zur speziellen Klimatisierung sind die hohen Sterilitätsanforderungen maßgeblich für die Herstellung der Tissue Engineering Produkte. Dabei muss gewährleistet sein, dass sich keine Bakterien oder Pilzsporen im Brutschrank befinden. Aus diesem Grund wird der Brutschrank selbst in regelmäßigen Abständen sterilisiert, zum Beispiel durch Hitze. Weiterhin müssen alle Sonden und Gegenstände, die in den Brutschrank eingebracht werden, im Vorfeld sterilisiert worden sein. Dies gilt auch für die Komponenten des Messsystems, sodass die Sterilisierbarkeit bei deren Auslegung berücksichtigt werden muss. Dabei müssen die Materialien einerseits den Sterilisierungsprozess schadlos überstehen können, andererseits müssen Baugruppen geometrisch möglichst einfach gehalten werden, um den Richtlinien des „Hygienic Design" gerecht zu werden, wie sie durch die European Hygienic Engineering & Design Group vorgegeben werden.

Weiterhin gelten im Brutschrank reinraumähnliche Vorgaben. So sind Verschmutzungen und Partikelkonzentrationen auf einem Minimum zu halten. Dies hat vor allem Auswirkungen auf bewegte mechanische Systeme. Um Partikelenstehung durch Abrieb an den Achsführungen zu minimieren, müssen Antriebe und Verfahreinheiten entweder vermieden werden oder aber speziell für den Reinraum ausgelegt sein.

Zu Letzt sei noch der geringe Bauraum im Brutschrank zu nennen. Handelsübliche Brutschränke weisen meist Innenvolumina von 40 bis 700 Liter auf. Aufwändige Messaufbauten im Brutschrank sind daher zu vermeiden.

4.1.3 Mensch

Eine Reihe von Forderungen an das Messsystem werden ebenfalls durch den Menschen gestellt. Der „Mensch" kann in diesem Fall zum Beispiel der Anwender, also der Produzent von Hautmodellen, oder aber auch der Gesetzgeber sein, der die Einhaltung von Normen und Richtlinien voraussetzt. Je nach Verwendungszweck der Hautmodelle können dabei Vorgaben aus dem Arzneimittelgesetz oder den GMP-Richtlinien relevant sein. In der Praxis resultieren daraus Vorgaben an die Dokumentation der Prozesse sowie die Einhaltung der Sterilität (siehe dazu Abschnitt 4.1.2). Aus Sicht des Anwenders ist es daher wichtig, dass das Messsystem mit diesen Regeln konform ist.

Für den Produzenten künstlicher Gewebemodelle steht jedoch die Prozessautomatisierung im Vordergrund. Durch die Integration einer schnellen und effizienten Prüftechnik sollen langwierige und/oder aufwändige Laboranalysen vermieden werden. Darüber hinaus bietet sich durch eine zerstörungsfreie und automatisierte volumetrische Darstellung der Hautmodelle die Möglichkeit, den Zuchtprozess laufend zu überwachen und im Sinne einer Qualitätsregelschleife zu steuern. Im Rahmen einer solchen Prozessüberwachung können unerwünschte Wachstumstendenzen frühzeitig erkannt werden und die entsprechende Probe als Ausschuss markiert werden.

Damit das Messsystem einen Fortschritt gegenüber dem aktuellen Best Practice (also der zerstörenden Prüfung mittels histologischen Mikroskopieschnitten) darstellt, sollte es vor Allem zerstörungsfrei arbeiten. Damit es von Anwendern mit einem biologischen Ausbildungshintergrund bedient werden kann, sollte das User Interface sowie Einrichte- und Kalibriervorgänge so einfach wie möglich gestaltet werden. Abschließend sei noch die Forderung nach einer hohen Messrate genannt. Diese resultiert aus Annahme, dass eine Automatisierung der Hautmodellproduktion einher geht mit einem entsprechend hohen Probendurchsatz. Bei einem realistischen Produktionsvolumen von einigen Tausend hergestellten Hautmodellen pro Monat ergeben sich Messtakte von unter einer Minute, sofern man annimmt, dass die Hautmodelle über einen Zeitraum von 2 Wochen kultiviert und dabei täglich geprüft werden.

4.2 Ableitung des Systemkonzepts

Nachdem im vorangegangenen Abschnitt die Anforderungen an das Messsystem dargelegt wurden, wird im Folgenden das Grobkonzept des Messsystems abgeleitet. Dabei werden die in Abbildung 4.1 aufgeführten Freiheitsgrade betrachtet und entsprechend den Randbedingungen festgelegt. Das Vorgehen gliedert sich dabei wie in Abbildung 4.1 anhand der Aufteilung *OCT-System*, *Messsonde* und *Messsoftware*. Das OCT-System enthält die Lichtquelle sowie die Detektortechnik, um das von der Probe reflektierte Licht auszuwerten und damit einzelne A-Scans zu generieren. Die Qualität der Bildgebung wird dadurch maßgeblich durch die Wahl der Komponenten bestimmt. Die Messsonde hingegen ist einerseits für den Transport des Lichts zum Messort zuständig, andererseits muss sie Mechanismen zur lateralen Strahlpositionierung enthalten,

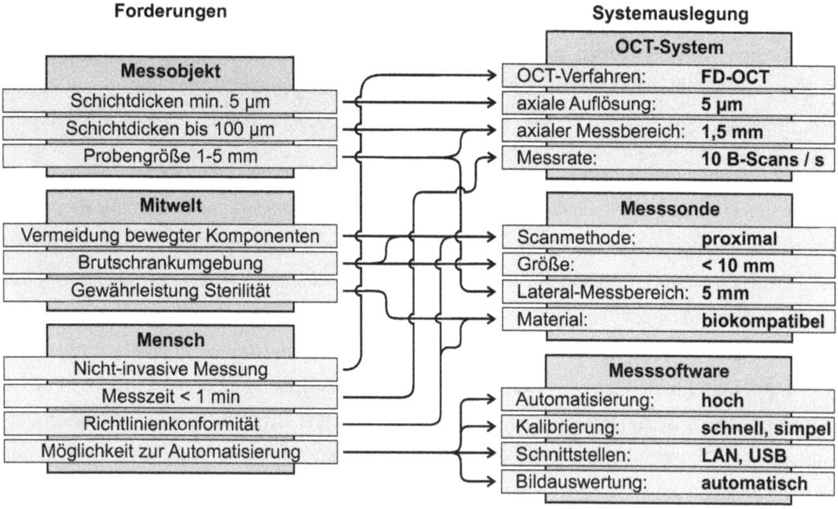

Abbildung 4.3: Argumentation der Merkmale des Systemkonzepts aus den Anforderungen.

um im Zusammenspiel mit dem OCT-System B-Scans erzeugen zu können. Die Messsoftware umfasst schließlich die Funktionen zur Ansteuerung der Einzelmodule, der Berechnung von B- und A-Scans aus den Rohdaten sowie weitere Funktionen zur Kalibrierung und Datenauswertung.

Die bei der Festlegung des Systemkonzepts verwendete Argumentation ist zur Übersicht in Abbildung 4.3 grafisch dargestellt. Dort sind einerseits die Kennwerte und Merkmale des Messsystems aufgeführt und andererseits die Einzelforderungen, durch die sich die Festlegung dieses Systemfeatures begründet.

4.2.1 OCT-System

Die Forderung nach einem zerstörungsfreien, also nicht-invasiven, Messsystem zur Prozesskontrolle legt den Einsatz der OCT nahe und dient daher als Grundlage dieser Arbeit. Bei der Auslegung des OCT-Systems ist zu erst die Frage zu beantworten, welches OCT-Verfahren eingesetzt werden soll. Im Stand der Technik ist dargelegt worden, dass Fourier-Domain-OCT die Time-Domain-OCT weitgehend abgelöst hat aufgrund der überlegenen Bildgebungsqualität sowie der technischen Einfachheit des Aufbaus. Aus diesem Grund wurde entschieden, ein FD-OCT-System für diese Arbeit zu verwenden, nicht zuletzt auch deswegen, da Spektralradar-Systeme in der Vergangenheit ihre Fähigkeit zur Darstellung menschlicher Haut unter Beweis gestellt haben.

Um die Schichtstrukturen der Hautmodelle darstellen zu können, wird eine axiale Auflösung von mindestens 5 µm benötigt, da dies der Dicke der dünnsten Gewebeschichten in der Probe entspricht. Die Frage nach dem axialen Messbereich des Systems ist jedoch komplexer. Einerseits ist es wünschenswert, Proben über deren gesamte Tiefe darstellen zu können. Da Hautmodelle bis zu 5 mm dick sein können, ergibt sich damit ein sehr großer Messbereich, der sich mit FD-OCT nur schwer umsetzen lässt, vor allem in Kombination mit der geforderten Auflösung von 5 µm. Zum Einen würde ein extrem hoch auflösendes Spektrometer als Detektor benötigt, andererseits eine leistungsstarke Lichtquelle, die bis in tiefste Regionen noch ausreichend Licht transportiert. Da sich aber die funktional wichtigsten Merkmale des Hautmodells in den oberen 200 µm befinden, ist es zulässig, auf eine komplette Erfassung der Probe zu verzichten. Um die Gewebeschichten auch bei einem Durchhängen der Hautmodelle im Insert messen zu können und um Kollagendefekte knapp unterhalb der Hautschichten messen zu können, wird ein axialer Messbereich des Systems von 1,5 mm vorgeschlagen.

Da die OCT-Bildgebung von künstlichen Hautmodellen bislang nur vereinzelt untersucht wurde, ist es notwendig, die hier getroffenen Annahmen im Experiment zu verifizieren. Die Festlegung des axialen Messbereichs und der axialen Auflösung haben primär Auswirkungen auf die Wahl der Lichtquelle und die Auslegung des Spektrometers. Die detaillierte Auslegung dieser Komponenten erfolgt in Abschnitt 4.3.

Bei der Festlegung der Messrate des Systems muss zwischen der A-Scan- und B-Scan-Frequenz unterschieden werden. Die Frequenz, mit der das OCT-System A-Scans generiert, ist größtenteils durch die Detektortechnik und Signalauswertung bestimmt. Da jedoch Messraten im kHz-Bereich bereits mehrfach demonstriert wurden, werden diesbezüglich keine Einschränkungen für das Gesamtsystem erwartet. Wichtiger ist in diesem Fall die B-Scan-Rate, die durch das Zusammenspiel des OCT-Systems und der Messsonde festgelegt ist. Wie in Abschnitt 4.1.3 argumentiert, scheint eine B-Scan-Rate von mindestens 10 Hz sinnvoll, um schnell auch volumetrische Daten aufnehmen zu können und so das große Prüfaufkommen bei einer automatisierten Hautmodellproduktion bewältigen zu können. Insgesamt sollte der gesamte Messprozess inklusive Bilddatenverarbeitung maximal eine Minute in Anspruch nehmen.

4.2.2 Messsonde

Die Messsonde erfüllt im Rahmen des Systemkonzepts zwei Aufgaben: den Transport des Lichts zur und von der Probe sowie das laterale Scannen der Probe. Insofern ist die Auslegung dieser Komponente stark geprägt durch die Randbedingungen der Brutschrankumgebung. Die hohe Temperatur und insbesondere die hohe Luftfeuchtigkeit von 100% stellen große Anforderungen an sensible elektro-optische Komponenten. Darüber hinaus muss die Sonde sterilisierbar sein, um in einer Kultivierungsumgebung eingesetzt werden zu können. Beim Standardverfahren der Dampfsterilisation (Autoklavieren) treten hohe Temperaturen auf, die potenziell elektronische Komponenten beschädigen können.

Zu Letzt muss berücksichtigt werden, dass unter den vorherrschenden Reinraumbedingungen bewegte Teile nur eingeschränkt einsetzbar sind, da durch Abrieb an den Achsführungen Verunreinigungen durch Partikel erzeugt werden. Dies alles spricht dafür, den Umfang der in der Brutschrankumgebung verwendeten Technik auf ein Mindestmaß zu reduzieren. Im Abschnitt 3.2.3 wurden eine Reihe von Sondendesigns vorgestellt, die sich in distal und proximal scannende Sonden untergliedern lassen. Da die distalen Sonden Scanvorrichtungen an dem probenseitigen Faserende aufweisen, scheinen sie für den Einsatz im Brutschrank ungeeignet. Wünschenswert ist in diesem Zusammenhang die räumliche Trennung der aktiven und passiven Sondenkomponenten, sodass empfindliche technische Module außerhalb des Brutschranks betrieben werden können, während im Brutschrank nur robuste, passive und leicht sterilisierbare Strahlformungselemente eingesetzt werden. Aus diesem Grund wird ein proximal scannendes System als Messsonde ausgewählt.

Aufgrund des geringen Bauraums im Brutschrank ist eine kompakte Bauweise der Messsonde wichtig. Darüber hinaus muss die Sonde auch in unterschiedlichen Brutschranktypen integrierbar sein. Um hier größtmögliche Flexibilität zu garantieren, wird eine faseroptische Sonde gewählt. Diese hätte gegenüber starren optischen Aufbauten den Vorteil, dass die Sonde leicht im Brutschrank verlegt werden kann und dass ein höherer Grad der Miniaturisierung erreicht werden kann. Damit dies gewährleistet ist, sollte die Fasersonde einen Durchmesser von maximal 10 mm besitzen, um diesen Vorteil gegenüber starren Lösungen nicht aufgeben zu müssen. Weiterhin bietet eine rein faseroptische Sonde weniger Angriffsfläche für Pilzsporen und Bakterien und ist leichter zu sterilisieren, sofern sie aus geeigneten Materialien (Kleber, Schutzschlauch, etc.) besteht.

Gekoppelt mit einem proximalen Scanverfahren bedeutet dies, dass die Messsonde als Faserbündel realisiert wird (siehe hierzu auch Abb. 3.13, unten). Die einzelnen Fasern des Bündels werden von einer Adressiereinheit, die sich außerhalb des Brutschranks befindet, ausgelesen, um einen lateralen Scan der Probe durchzuführen. Aus diesem Grund bietet es sich an, das Faserbündel als lineares Faserarray zu realisieren. Dabei ist der laterale Messbereich durch die Länge des Arrays gegeben, während der Abstand der Faserkerne zu einander die laterale Auflösung bestimmt. Um ein interpretierbares OCT-Bild zu erhalten, muss das Bündel eine große Anzahl Fasern enthalten. Üblicherweise haben B-Scans eine laterale Auflösung von 100-1000 Bildspalten. Eine ähnlich hohe Anzahl muss das untersuchte System aufweisen, um sinnvoll eingesetzt werden zu können.

Um Hautmodelle mit einem Durchmesser von 5 mm messen zu können (24-Well Platte), sollte daher die Länge der Faserzeile ebenso groß sein. Die laterale Auflösung ist in diesem Fall weitgehend unkritisch, da die zu messenden Merkmale in der Größenordnung von 20-200 µm liegen. Welche lateralen Auflösungen erreicht werden können, ist abhängig von dem Durchmesser der einzelnen Singlemodefasern, der sich technisch realisieren lässt.

4.2.3 Messsoftware

Die Software des Messsystems dient dazu, die Daten des OCT-Systems aufzunehmen und auszuwerten sowie die einzelnen Komponenten anzusteuern. Vor dem Hintergrund einer automatisierten Hautmodellproduktion muss die Software eigenständig lauffähig sein und mit nur minimalen Eingaben durch einen Benutzer auskommen. Dies bedeutet auch, dass jegliche Kalibrier- und Einrichteroutinen schnell und einfach durchzuführen sind. Darüber hinaus muss die Rechnertechnik des Messsystems mit der Anlagensteuerung des Brutschranks kommunizieren können, um eine Prozessregelung zu implementieren. Dazu bieten sich Standard-Kommunikationsschnittstellen, welche über USB oder Ethernet umgesetzt werden können. Dies erfordert jedoch auch eine automatisierte Bildauswertung, die in den erfassten B-Scans der Hautmodelle Materialdefekte erkennt oder aber prozessrelevante Parameter extrahiert. Eine genauere Definition der Softwarestruktur ist jedoch ohne Kenntnis der genauen Systemauslegung nicht möglich und erfolgt daher in einem späteren Abschnitt.

4.2.4 Zusammenfassung des Grobkonzepts

Das Konzept des Messsystem, wie es sich aus den vorangegangenen Betrachtungen abgeleitet wurde, ist ein proximal scannendes OCT-System mit einer flexiblen, faseroptischen Sonde. Das

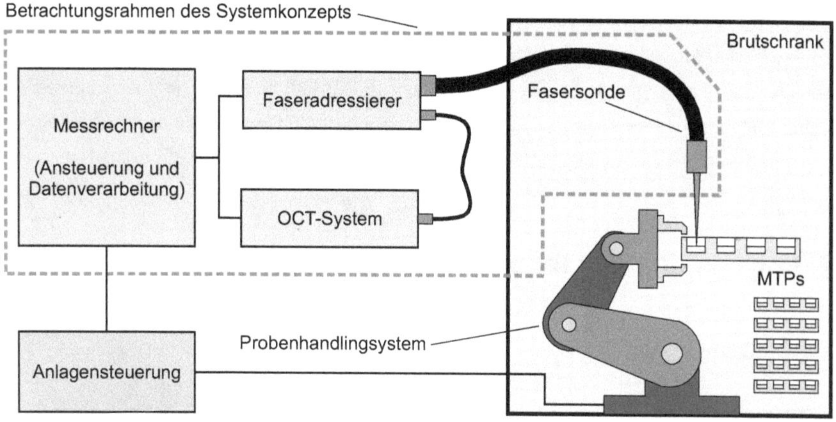

Abbildung 4.4: Grobkonzept des Messsystems. Als gestrichelte Linie ist eingezeichnet, welche Systemkomponenten Betrachtungsgegenstand dieser Arbeit sind.

System besteht aus vier Hauptkomponenten: dem OCT-System, dem Messrechner, der Fasersonde sowie einem Faseradressierer (siehe Abb. 4.4). Das OCT-System ist durch eine einzelne Lichtleitfaser mit dem Faseradressierer verbunden. Dieser agiert als Strahlweiche und lenkt das Licht wahlweise in eine der Fasern der Sonde. Die Sonde selbst ist ein lineares Array aus Singlemodefasern, das von dem Adressierer in den Brutschrank geführt wird und dort das Licht auf die Proben lenkt. Da sich diese Fasersonde im Sterilbereich des Brutschranks aufhält, muss diese selbst sterilisierbar sein. Das bedeutet, das es möglich sein muss, die Sonde vom Adressierer abzukoppeln und sie beispielsweise zu autoklavieren.

Sowohl Faseradressierer und OCT-System sind an einen Messrechner gekoppelt, der die Ansteuerung und Datenauslese vornimmt. Darüber hinaus analysiert die Messsoftware die Bilddaten und entscheidet, ob Defekte in der Probe vorhanden sind, bzw. ob das Schichtwachstum den Vorgaben entspricht. Um die im Brutschrank befindlichen Proben vor der Sonde positionieren zu können, ist eine Aktorik notwendig, welche die Mikrotiterplatten greift und zu der Messsonde befördert. Weiterhin muss vor dem Hintergrund einer Prozessregelung eine Anlagensteuerung implementiert werden, die in den Prozess eingreift, zum Beispiel durch Variation der Nährmittelzufuhr. Diese beiden Punkte werden bei den weiteren Betrachtungen ausgenommen. Betrachtungsgegenstand dieser Arbeit ist das Messsystem und seine vier Komponenten, wie in Abbildung 4.4 durch die gestrichelte Linie dargestellt.

Um die technische Machbarkeit dieses Konzepts überprüfen zu können, ist es notwendig, das

System als funktionsfähigen Demonstrator umzusetzen und dessen Leistungsfähigkeit zu überprüfen. Es werden daher in den folgenden Abschnitten die Teilkomponenten des Messsystems genauer spezifiziert, um sie in den darauf folgenden Kapiteln im Experiment zu untersuchen. Dabei wird besonderes Augenmerk auf die Auslegung des Faseradressierers und der Sonde gelegt, da für diese Systemelemente derzeit keine Vorarbeiten in der Literatur existieren.

4.3 Definition der Teilsysteme

4.3.1 OCT-System

In Abschnitt 4.2.1 wurde für das Messsystem ein FD-OCT-Gerät mit einer Auflösung von 5 µm und einem axialen Messbereich von 1,5 mm gefordert. Da die axiale Auflösung primär an die Kohärenzlänge des verwendeten Lichts gekoppelt ist, muss eine entsprechende Lichtquelle ausgewählt werden. Nach Gleichung (3.19) lässt sich berechnen, dass beispielsweise für eine Lichtquelle mit einer Zentralwellenlänge von 900 nm eine spektrale Breite von mindestens ca. 70 nm notwendig ist, um Licht mit dieser Kohärenzlänge zu erzeugen. In diesem Wellenlängenbereich zeigt Gewebe auch eine gute Transmission, sodass die Verwendung einer solchen Lichtquelle nahe liegt. Darüber hinaus wurden in der Vergangenheit OCT-Systeme mit ähnlichen Lichtquellen zur in vivo Messung von Haut beschrieben. Hier kann also auf bestehendes Wissen leicht zurück gegriffen werden.

Der axiale Messbereich des OCT-Systems ist bestimmt durch die Auflösung des Spektrometers, da hohe Weglängendifferenzen zwischen Referenzfläche und Probe hohe Modulationsfrequenzen im Spektrum zur Folge haben. Diese müssen einerseits optisch scharf auf die CCD-Zeile abgebildet werden, andererseits müssen diese entsprechend des Nyquist-Theorems durch die Pixel des Detektors ausreichend abgetastet werden können. Das Verhältnis von der geforderten Auflösung zum Messbereich ergibt einen Dynamikbereich von 1:300, der sich ohne große Schwierigkeiten realisieren lässt, bzw. in der Literatur beschrieben wurde. Da zur Realisierung des Messbereichs keine CCD-Zeile mit extrem hoher Pixelanzahl benötigt wird, ist auch gewährleistet, dass A-Scan-Frequenzen im kHz-Bereich erreicht werden können, sofern die Signalverarbeitung im Messrechner ausreichend schnell abläuft.

Das OCT-System sollte als optischen Ausgang einen Anschluss für eine Singlemodefaser besitzen, um dieses mit dem Faseradressierer verbinden zu können. Das Licht gelangt so von der

Lichtquelle über einen Faserschmelzkoppler zum Ausgang, wird von dort über den Faseradressierer und der Messsonde zur Probe geleitet, gelangt dann in die Lichtleitfaser zurück, um so im OCT-Gerät im Spektrometer analysiert werden zu können.

4.3.2 Faseradressierer

Die Aufgabe des Faseradressierers besteht darin, das aus einer einzelnen Singlemodefaser von dem OCT-Gerät ankommende Licht in die einzelnen Fasern des Sondenbündels zu lenken. Schließlich muss das von der Probe zurück gestreute Licht wieder zur Auswertung zum OCT-Gerät befördert werden. Es wird demnach eine Strahlweiche benötigt, welche diese Aufgabe erfüllt. Eine große Herausforderung ist dabei die Tatsache, dass sowohl Quelle als auch Ziel der Strahlführung Singlemodefasern mit einem Kerndurchmesser von nur ca. 5 µm sind, und daher eine gute Fokussierung sowie eine genaue Positionierung des Strahls erforderlich ist. Eine ungenaue Positionierung würde zu einer niedrigeren Einkoppeleffizienz führen und damit zu einer Reduzierung der Lichtintensität, die zur Probe gelangt - mit entsprechenden Auswirkungen auf die Eindringtiefe bzw. den Bildkontrast.

Um die geforderte Messrate (bzw. B-Scan-Rate) von 10 Hz erreichen zu können, muss des Adressierer entsprechend hohe Zustellgeschwindigkeiten aufweisen. So muss beispielsweise der Adressierer im Fall eines Sondenbündels mit 100 Fasern eine Positionierrate von 1 kHz aufweisen. Trotz dieser hohen Scanraten müssen jedoch nach wie vor Zustell- und Wiederholgenauigkeiten im Mikrometerbereich erreicht werden, um eine hohe Einkoppeleffizienz zu gewährleisten.

Die Tatsache, dass die Sonde zwecks Sterilisierung ab- und ankoppelbar sein muss, hat ebenfalls Konsequenzen für den Adressierer: Um nach Ankopplung einer Sonde die Faserkerne zuverlässig mit dem Lichtstrahl anfahren zu können, muss Kenntnis über deren Position im Raum vorliegen. Dies kann entweder durch eine hoch genaue Fertigung der Koppelstelle bzw. der Sonde, oder aber durch eine Kalibrierroutine bewerkstelligt werden, in welcher der Adressierer die Faserkernpositionen vor Beginn der Messungen bestimmt.

Derzeit sind keine Systeme aus der Literatur oder aus Marktrecherchen bekannt, welche diese Anforderungen erfüllen. Auf den ersten Blick kommen Fasermultiplexer aus der Telekommunikation in Betracht. Diese sind aber in der Regel für Wellenlängen im Bereich 1300 und 1500 nm ausgelegt. Darüber hinaus sind nur kleine Teilungsverhältnisse technisch realisiert, zum Beispiel 1 auf 8 oder 1 auf 16. Es existieren Multiplexer mit wesentlich mehr Ausgängen, jedoch weisen

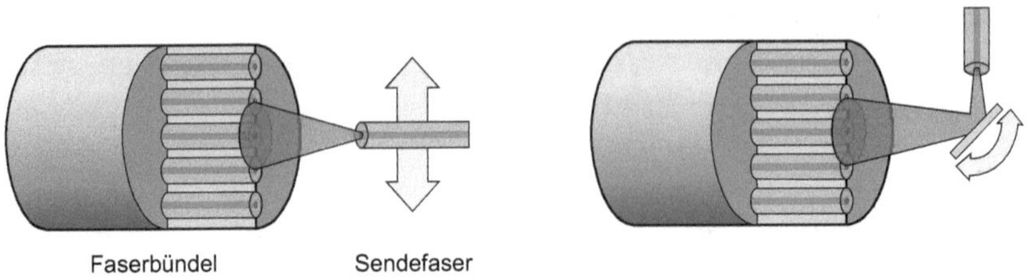

Abbildung 4.5: Mögliche Varianten des Faseradressierers. Links: mechanische Verschiebung der Faser. Rechts: Strahlablenkung.

diese eine sehr hohe Dämpfung auf, was sie für die Anwendung in diesem Fall ungeeignet macht. Der in Abschnitt 3.2.3 vorgestellte proximale Scanansatz, der eine Mikrospiegelmatrix verwendet, scheidet ebenfalls aus, da hier der gesamte DMD flächig beleuchtet wird und nur ein kleiner Anteil in die einzelne Faser reflektiert wird. Bei üblichen SLD-Lichtquellen mit Leistungen im mW-Bereich wäre die Lichtleistung, die auf die Probe gelangt, in diesem Fall viel zu gering, um ein OCT-Bild zu erzeugen. Da keines der hier beschriebenen proximalen Scankonzepte für die vorliegende Anwendung geeignet sind, ist es notwendig, ein neues System zum Fasermultiplexing zu realisieren.

Zu diesem Zweck bieten sich zwei unterschiedliche Realisierungsformen an. Zum Einen kann durch eine mechanische Verschiebung der Sendefaser der Lichtstrahl in unterschiedliche Fasern des Bündels gelenkt werden. Andererseits kann der Strahl durch einen rotatorisch verstellbaren Spiegel abgelenkt werden, um verschiedene Punkte auf der proximalen Sondenendfläche anzufahren. Diese beiden Konzepte sind in Abbildung 4.5 skizziert. Diese Darstellung ist insofern vereinfacht, als dass auf Kollimations- bzw. Fokussierlinsen vor der Sendefaser und dem Sondenbündel verzichtet wurde. Ein Betreiben ohne Strahlformungsoptiken ist zwar denkbar, jedoch müssten in diesem Fall die Fasern extrem nah vor einander positioniert sein, um Leistungsverluste durch die Aufweitung des Strahls bei Faseraustritt zu vermeiden.

Eine weitere Vereinfachung in der grafischen Darstellung ist die Tatsache, dass nur eine eindimensionale Scanbewegung dargestellt ist. Dies wird aus zweierlei Gründen für die praktische Umsetzung als problematisch betrachtet. Erstens müsste in diesem Fall die Faserzeile exakt in der Scanebene des Faseradressierers positioniert werden. Sowohl ein Versatz als auch eine Verkippung des Faserbündelendes würde dazu führen, dass die Faserkerne nicht oder nur teilweise getroffen werden. Die Ankopplung einer Fasersonde an den Adressierer würde demnach eine mikrometergenaue Justage erfordern, ehe Messungen durchgeführt werden können.

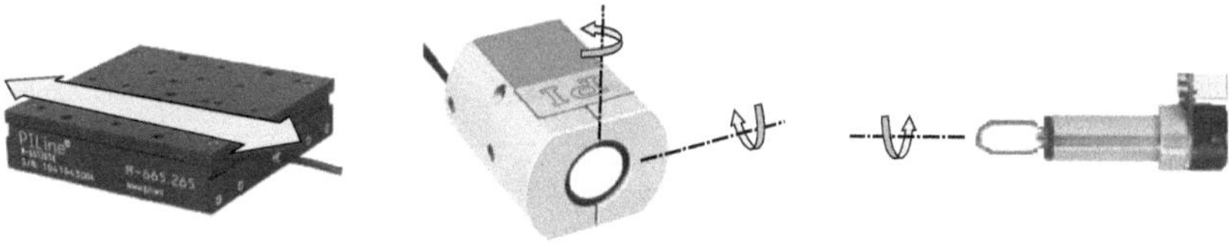

Abbildung 4.6: Mögliche Systeme zur Strahlpositionierung. Links: Lineartisch. Mitte: piezogetriebener 2-Achs-Kippspiegel. Rechts: 1-achsiger Galvanometerscannerspiegel. (Quellen: Physik Instrumente, Cambridge Technologies)

Zweitens müsste sichergestellt werden, dass die Faserzeile selbst hoch genau gefertigt ist und dass die Faserkerne exakt auf einer Linie liegen. Selbst Abweichungen von einem Mikrometer würden zu merklichen Verlusten in der Einkoppeleffizienz führen. Da aber solche Sondenbündel - zumindest in der jetzigen Realisierungsphase - manuell hergestellt würden und da bedingt durch Prozessschwankungen die Faserkernposition nicht immer genau zentrisch zum Mantelumfang ist, erscheint es unrealistisch, eine Faserzeile unter Einhaltung der geforderten Toleranzen herstellen zu können. Aus diesen Gründen wird der Faseradressierer für ein zweidimensionales Scannen des Faserbündelendes ausgelegt, sodass das System eine unzureichende passive Ausrichtung kompensieren kann. Eine Kompensation erfordert aber die Kenntnis über die Lage der Faserkerne des Bündels, sodass eine Kalibrierung des Systems vor Inbetriebnahme vonnöten ist. Dies wird in Abschnitt 4.3.4 weiter ausgeführt.

Zur linearen Faserpositionierung bieten sich zwei um 90° versetzte Linearmotoren an, welche die Faser in zwei Dimensionen positionieren können. Hier können sowohl elektrische als auch piezoelektrische Systeme zur Anwendung kommen. Für die Ablenkung über einen ansteuerbaren Spiegel eigenen sich zweiachsig drehbare piezoelektrische Spiegel oder zwei Galvanometerscanspiegel, die im rechten Winkel zueinander angeordnet den Strahl positionieren.

Die entscheidenden Kriterien bei der Auswahl des Positioniersystems sind sowohl die Geschwindigkeit der Systeme als auch deren Zustell- und Wiederholgenauigkeit. Ein lineares Abfahren der Faserzeile bei konstanter Geschwindigkeit erscheint wenig sinnvoll, da sich der Lichtstrahl einen Großteil der Zeit auf den Mantelendflächen der Fasern aufhalten würde[1]. Damit der Strahl während des Verfahrens lange genug auf dem Faserkern verweilt, um ausreichend Licht für eine OCT-Auswertung sammeln zu können, müsste eine sehr kleine Scangeschwindigkeit gewählt werden. Da sich aber auf diese Weise die hohen geforderten Messraten nicht erreichen lassen, muss ein sequenzielles, schnelles Anfahren der einzelnen Faserkerne durchgeführt werden. Bei

[1] Bei einer Standard-Singlemodefaser beträgt der Kerndurchmesser 5 µm und der Manteldurchmesser 125 µm

Typ	Modell	Stellweg	Auflösung	Wiederholgen.	Scanfrequenz
Galvoanometer-scanspiegel	Cambridge Technolgies Galvo 6210	↑ 40°	↑ 8 µrad	↑ 8 µrad	↑ 10.000 Hz
Piezo Tilt Mirror	PI S334	→ 2,8°	↑ 5 µrad	↑ 5 µrad	↓ 200 Hz
Verfahrtisch - Piezoantrieb	Physik Instrumente M-663	→ 2 mm	↑ 0,1 µm	→ 0,3 µm	↓ 20 Hz
	Piezosysteme Jena PX 1500	→ 1,5 mm	↑ 3 nm	k. A.	↓ 180 Hz
	Piezosysteme Jena PX 1500 LVDT	→ 1,5 mm	↑ 3 nm	→ 0,3 µm	↓ 20 Hz
Verfahrtisch - mechanischer Antrieb	Micos LMS-120	↑ 40 mm	→ 0,25 µm	→ 0,2 µm	↓ 1,6 Hz
	Steinmeyer MT105-30-2LM	↑ 30 mm	↓ 1 µm	→ 0,3 µm	↓ 5 HZ
	Steinmeyer MT42-30-LM	↑ 30 mm	↓ 2 µm	→ 0,3 µm	↓ 50 HZ

Legende: ↑ geeignet → bedingt geeignet ↓ ungeeignet

Abbildung 4.7: Analyse unterschiedlicher Positioniersysteme und deren Eignung zur Adressierung eines Singlemode-Faserbündels.

der Auswahl der Positioniersysteme ist es daher wichtig, dass das Einschwingen beim Halten an der Zielposition in möglichst kurzer Zeit erfolgt und somit viele Fasern pro Zeit angefahren werden können. Nur so kann eine B-Scan-Rate von 10 Hz erreicht werden. Darüber hinaus muss die Auflösung und Wiederholgenauigkeit der Positionierung mindestens eine Größenordnung besser sein als der Faserkerndurchmesser von 5 µm, um ein optimales Anfahren der Fasern zu gewährleisten.

Mehrere in Frage kommende Systeme unterschiedlicher Anbieter konnten im Rahmen einer Recherche identifiziert werden (siehe Abb. 4.6), beispielsweise Piezo-getriebene Lineartische oder Galvanometerscanspiegel. Diese wurden hinsichtlich ihrer technischen Kennwerte analysiert und verglichen. Die Ergebnisse dieser Gegenüberstellung sind in Abbildung 4.7 zusammengefasst. Neben den technischen Daten der Positioniersysteme ist in dieser Darstellung auch aufgeführt, ob eine Eignung für die vorliegende Positionieraufgabe gegeben ist. Die Kriterien für die einzelnen Kennwerte waren dabei wie folgt: Hinsichtlich des Stellwegs wurde geprüft, inwiefern das Positioniersystem in der Lage ist, eine Faserzeile mit 5 mm Breite abzufahren. Eine bedingte Eignung wurde in diesem Fall festgestellt, wenn der Stellweg 1 bis 5 mm betrug, sodass ein eingeschränkter Betrieb mit verkleinertem lateralem Messbereich möglich wäre. Die

Positioniergenauigkeit wurde anhand der Auflösung und der Wiederholgenauigkeit bewertet. Im Idealfall sollte die Auflösung der Positionierung wesentlich genauer als der Kerndurchmesser der Fasern (5 µm) sein, um sicher die Faserkernmittelpunkte zu treffen. Eine Auflösung von unter 0,1 µm wurde hier als „geeignet" betrachtet, während Auflösungen von 0,1 bis 0,5 µm als „bedingt geeignet" bewertet wurden. Die gleichen Kriterien wurden ebenfalls bei der Bewertung der Wiederholpräzision angewandt. Letztlich wurde die Scanrate verglichen, also wie viele Faserkerne pro Zeiteinheit durch das Positioniersystem angefahren und ausgelesen werden können. Entsprechend der in Abbildung 4.3 aufgeführten Vorgaben wurde ein System als „geeignet bewertet", wenn es eine Bildrate von 10 B-Scans pro Sekunde ermöglicht. Bei einer Faserzeile mit 100 Einzelfasern entspricht dies einer Scanrate der Positioniersystems von 1000 Hz.

Dieser Systemvergleich ergab, dass die mechanischen Systeme zur Verschiebung der Faser nicht in der Lage sind, 100 oder mehr Positionen pro Sekunde anzufahren bei völligem Halt an der geforderten Stelle. Dazu sind die erreichbaren Beschleunigungen in Zusammenhang mit der zu bewegenden Masse nicht hoch genug. Diesbezüglich und hinsichtlich der Auflösung sind die piezo-getriebenen Lineartische etwas im Vorteil, jedoch weisen diese einen geringeren Stellweg auf.

Im Fall der optischen Ablenkung stellt der in zwei Dimensionen verstellbare Piezospiegel eine elegante Lösung mit hoher Genauigkeit dar. Allerdings besitzt er nur einen maximalen Verstellwinkel von 3 ° und ist vor allem zu langsam. Die Galvanometerscanspiegel sind nur in einer Dimension verstellbar, dafür aber in einem Stellbereich von 40 °, einer Wiederholgenauigkeit von 8 µrad und in ausreichender Geschwindigkeit. Da die zu bewegende Masse der recht kleinen Spiegel gering ist, liegt auch die Einschwingzeit in akzeptablen Grenzen. Wie sich die Wiederholgenauigkeit der Winkelverstellung in eine Positioniergenauigkeit auf dem proximalen Faserende auswirkt, hängt von der Brennweite der verwendeten Linse ab. Der mathematische Zusammenhang lautet $\delta x = f \cdot \tan \delta\alpha$, wobei δx die Positionierauflösung ist, f die Brennweite der Linse und $\delta\alpha$ die Winkelauflösung des Galvanometerspiegels. Damit ergibt sich beispielsweise für $f = 10\,mm$ eine Positioniergenauigkeit von $\delta x = 0,08\,\mu m$. Dies ist ausreichend, um den Strahl sicher auf einen 5 µm großen Faserkern zu lenken.

Aus diesen Betrachtungen heraus wird eine Konfiguration mit zwei im rechten Winkel angeordneten Galvanometerscanspiegel gewählt, wodurch der Lichtstrahl auf einer Fläche beliebig positioniert werden kann (siehe Abb. 4.8). Das aus der vom OCT-Gerät kommenden Sendefaser austretende Licht wird durch eine Optik kollimiert, auf den ersten Galvanometerscanspiegel gestrahlt und dort um 90 ° abgelenkt. Von dort gelangt der Lichtstrahl zu dem zweiten Spiegel, wird durch eine weitere Optik fokussiert und trifft das proximale Ende des Faserbündels.

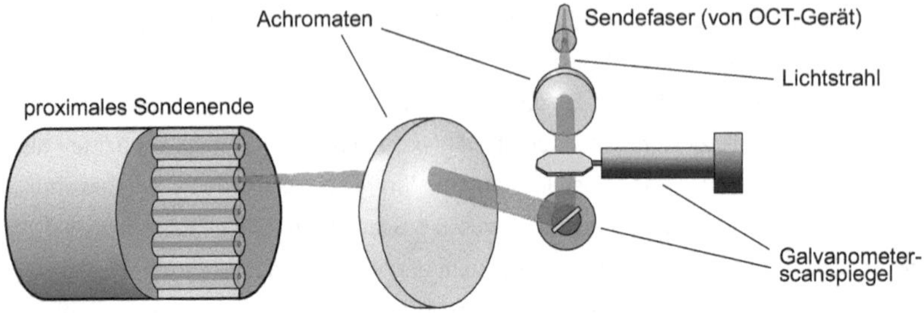

Abbildung 4.8: Skizze des Faseradressierers mit Verwendung zweier um 90° gekreuzter Galvanometerscanspiegel.

So können bei entsprechender Auswahl der Fokussieroptik durch Verstellung der Spiegel alle im Bündel befindlichen Faserkerne der Singlemodefasern getroffen werden. Da mit verhältnismäßig breitbandigem Licht gearbeitet wird, müssen zu Strahlformung Achromaten für den Nahinfrarotbereich (NIR) verwendet werden. Am distalen Ende des Bündels tritt das Licht dann aus den dort linear angeordneten Fasern, um in die zu messende Probe einzudringen.

Durch die Verwendung eines zweidimensionalen Scanaufbaus ist es möglich, beliebige Punkte auf dem proximalen Sondenende anzufahren. Dies hat zur Folge, dass die Fasern am proximalen Ende nicht notwendigerweise linear angeordnet sein müssen. Eine asymmetrische Gestaltung von distalem und proximalen Sondenende birgt einige Vorteile, die im folgenden Abschnitt kurz erläutert werden. Um aber in diesem Fall Kenntnis über die Zuordnung der Fasern an beiden Sondenenden zu erhalten, muss ein weiterer Kalibrierschritt durchgeführt werden. Dieser wird in Abschnitt 4.3.4 weiter erläutert.

4.3.3 Messsonde

Um die Messsonde für die OCT-Bildgebung einsetzen zu können, muss dieses aus einem Bündel aus Singlemodefasern bestehen. Die Einzelfasern müssen hinreichend dicht gepackt sein, um eine gute laterale Auflösung zu erreichen, da jede Einzelfaser einer Spalte im B-Scan entspricht. Um ein aussagekräftiges OCT-Bild zu erhalten, sollte das Bündel mindestens 100 Fasern enthalten. In Abschnitt 4.1 wurde festgelegt, dass die Sonde einen maximalen Außendurchmesser von 10 mm besitzen soll. Bei einem Manteldurchmesser von 125 µm von Standard-Singlemodefasern ist diese Forderung demnach nicht zu erreichen. Es wird daher notwendig sein, kleinere Singlemodefasern zu verwenden. Eine weitere Möglichkeit, die laterale Auflösung

Abbildung 4.9: Auslegung der Messsonde. Während das distale Ende als doppeltes, versetztes Lineararray umgesetzt ist, sind die Fasern am proximalen Ende in dichtester Packung angeordnet.

zu erhöhen, ist die Anordnung der Fasern im distalen Ende zu einer versetzten Doppelzeile. Bei einem hinreichend kleinen Faserdurchmesser wäre der Versatz der beiden Zeilen klein genug, um keine negativen Auswirkungen auf die Qualität des B-Scans zu haben. Die Realisierung eines solchen doppelten Lineararrays mit N Fasern kann beispielsweise so realisiert werden, dass eine Ferrule mit passiven Ausrichtungselementen verwendet wird. Eine in der Ferrule eingebrachte Rechtecknut, dessen Breite Platz für exakt $\frac{N}{2}$ Fasern bietet, hätte zur Folge, dass sich das Bündel eigenständig als Doppelzeile anordnet.

Die geometrische Konfiguration der Fasern im proximalen Sondenende ist in diesem Zusammenhang frei wählbar, da der Faseradressierer für eine Positionierung in zwei Dimensionen konzipiert ist. Einiges spricht jedoch dafür, das proximale Ende nicht als Lineararray zu realisieren. Einerseits erlaubt eine ungeordnete, annähernd hexagonale Packung der Fasern eine schnelle und einfache Montage des Bündels. Die Fasern müssen dazu lediglich gemeinsam in eine passende Bohrung einer Ferrule eingeführt und dort verklebt werden. Andererseits hat eine kompakte Faseranordnung zur Folge, dass der Faseradressierer kleinere Wege bei seinem Scan zurücklegen muss, und damit eine höhere Positionierrate erreichen kann. Darüber hinaus resultiert aus dem kleineren Bildfeld eine bessere optische Abbildungsleistung der im Adressierer befindlichen Fokussierlinse und damit höheren Einkoppeleffizienzen in den Randbereichen. Eine grafische Darstellung des Sondenkonzepts ist in Abbildung 4.9 gezeigt.

Die en-bloc-Montage des Faserbündels in die Ferrule (also ohne einzelne Zuordnung der Fasern an den beiden Enden) beschleunigt die Montage, birgt jedoch einige Herausforderungen. Einerseits muss der Faseradressierer vor Durchführung einer OCT-Messung die Positionen der Faserkerne ermitteln, da diese von Sonde zu Sonde vollkommen unterschiedlich sein werden. Andererseits kann ein B-Scan, also ein Auslesen der Fasern gemäß deren Reihenfolge im distalen Ende, nicht direkt durchgeführt werden, da keine definierte Verschaltung der Fasern im Bündel vorliegt. Dieses Problem kann über einen Kalibrierschritt gelöst werden, der im folgenden Abschnitt näher behandelt wird.

Da die Messsonde sterilisierbar sein muss, werden korrosionsbeständige Ferrulen und hitzebeständige Kleber und Schlauchmaterialen verwendet. Um die Sonde leicht an den Faseradressierer ankoppeln zu können, ist es sinnvoll, das proximale Ende mit einem Standard-Faserkonnektor umzusetzen, zum Beispiel einen SMA-Stecker, in dessen Ferrule ausreichend Platz für die Fasern vorhanden ist.

Um OCT-Bildgebung mit dieser Sonde durchführen zu können, wird eine Referenzfläche benötigt, die einen Teil das Lichts reflektiert und dieses mit dem Probenlicht interferieren lässt. Denkbar wäre die Realisierung einer externen Referenzstrecke, jedoch muss davon ausgegangen werden, dass sich die Sondenbündel in der Praxis in ihrer Länge unterscheiden werden. Deswegen, und um Dispersionseffekte in der Faser zu kompensieren, wird ein Common-Path-Ansatz verwendet, in dem die distale Endfläche der Fasern als Referenzfläche dient. Die reflektierte Lichtintensität von ca. 4 % sollte ausreichend sein, um eine OCT-Bildgebung erfolgreich zu betreiben.

4.3.4 Messsoftware

Die Messsoftware muss im Rahmen des Systemkonzepts mehrere Aufgaben erfüllen. Zum Einen muss der Faseradressierer angesteuert werden, sodass die einzelnen Faserkernpositionen angefahren werden können. An jedem Faserkern muss der Lichtstrahl so lange verweilen, bis das OCT-Gerät eine Messung an dieser Stelle vornehmen kann. Die Daten aus dem OCT-System werden dann durch die Messsoftware ausgewertet und ein A-Scan erzeugt. Durch sequenzielles Auslesen aller Fasern wird schließlich ein B-Scan konstruiert.

Damit die Software diese Aufgaben erfüllen kann, wird ein Messrechner mit entsprechenden Schnittstellen benötigt. Der Rechner sollte ausreichend leistungsfähig sein, um die A-Scan-Berechnung mit kHz-Raten durchführen zu können. Nur so kann sichergestellt werden, dass das proximale Abscannen der Fasern nicht durch diesen Prozess verzögert wird. Als Schnittstelle zu dem OCT-System und dem Faseradressierer wird eine D/A-Wandlerkarte benötigt, die ebenfalls eine hohe Datenrate aufweist. Da für jeden A-Scan hunderte oder auch tausende Pixel der CCD-Zeile im Spektrometer ausgelesen werden müssen, sollte daher die Samplingfrequenz der Karte im MHz-Bereich liegen.

Wie bereits in den letzten Abschnitten beschrieben wurde, muss die Messsoftware über Kalibrieralgorithmen verfügen, welche die Bestimmung der Faserpositionen und deren Zuordnung

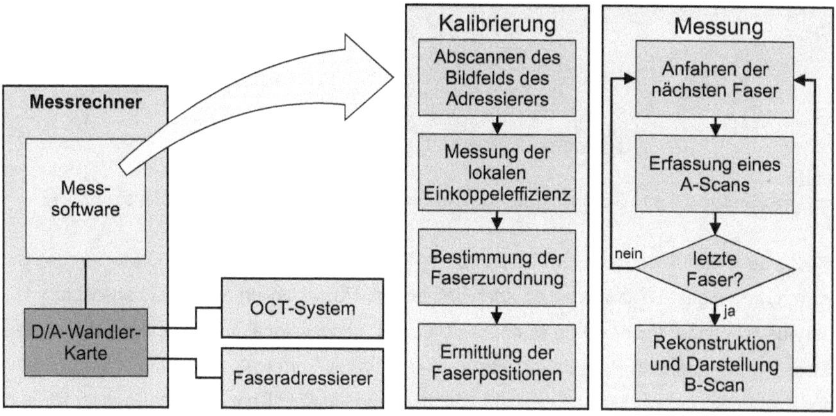

Abbildung 4.10: Konzept der Messsoftware. Der Messrechner steuert über eine D/A-Wandlerkarte die Hardwarekomponenten an. Die eigentliche Messsoftware besteht aus einem Modul zur Systemkalibrierung und einem zur Messung.

zum distalen Ende erlaubt. Da der Faseradressierer über die Möglichkeit einer zweidimensionalen Strahlpositionierung verfügt, ist es denkbar, das gesamte Bildfeld des Scannerspiegelaufbaus abzurastern. Um festzustellen, ob bei einem solchen Scan ein Faserkern getroffen wurde, muss an jedem Ort des Rasters eine Messung der Einkoppeleffizienz durchgeführt werden. Dies kann zum Beispiel dadurch geschehen, dass vor dem distalen Sondenende ein Photodetektor platziert wird, der die transmittierte Lichtleitung ermittelt. Alternativ kann ein distal angebrachter Kalibrierkörper verwendet werden, der bei erfolgreicher Einkopplung von Licht in eine Faser ein charakteristisches A-Scan-Signal erzeugt. Ungeachtet dessen, welches dieser Verfahren gewählt wird, muss der Adressierer das komplette Bildfeld zweidimensional abscannen, an jedem Ort eine Messung der Einkopplung durchführen, und diese Werte in einer Datenmatrix speichern. Mittels Algorithmen zur Suche lokaler Maxima können dann die Positionen der Faserkern ermittelt werden und als Messprogramm abgelegt werden (siehe Abb. 4.10).

Neben der Fasersuche muss in einem zweiten Kalibrierschritt die Zuordnung der Fasern an den Sondenenden ermittelt werden. Der direkte Weg erscheint dabei, eine CCD-Kamera vor dem distalen Ende zu positionieren, die einzelnen Faserkerne mit dem Adressierer anzufahren, um dann die Position des austretenden Lichts in der Faserzeile mittels Bildverarbeitung zu bestimmen. Ein etwas eleganterer Weg könnte jedoch sein, einen Kalibrierkörper zu verwenden, der die laterale Position der Faser im Bündel codiert. Dies kann beispielsweise eine schräge, reflektierende

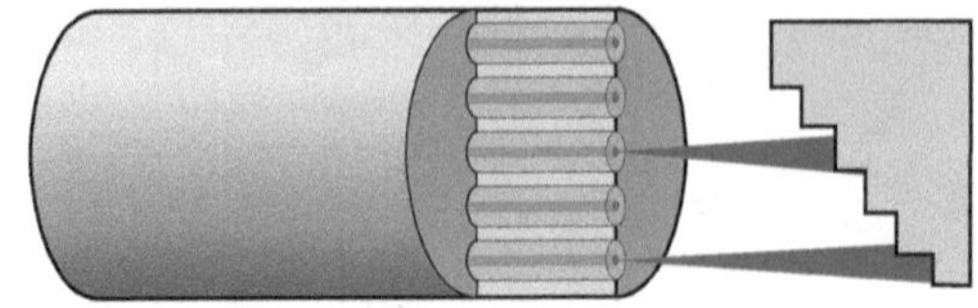

Abbildung 4.11: Stufenspiegel zur Zuordnung der Fasern per OCT-Tiefensignal

Fläche sein, die in Richtung der Faserzeile verkippt ist, oder aber ein Mikro-Stufenspiegel, der zwar aufwendiger zu realisieren ist, aber eine höhere Rückreflexion aufweist (siehe Abb. 4.11). Bei Auslesen einer Faser würde so im A-Scan ein Reflexionssignal auftreten, dessen Messtiefe linear mit der lateralen Position der Faser im Lineararray korreliert. Dabei muss die Steigung des Kalibrierkörpers groß genug sein, um benachbarte Fasern sicher unterscheiden zu können, aber auch klein genug, um nicht den axialen Messbereich des OCT-Systems zu verlassen. Da dieses Verfahren technisch einfacher umzusetzen ist als der kamerabasierte Ansatz, wird dieses Vorgehen für das Systemkonzept ausgewählt, muss aber im Experiment auf seine Tauglichkeit hin verifiziert werden.

4.4 Zwischenfazit

Auf Basis der Überlegungen dieses Kapitels wurde ein System entwickelt, das die Anforderungen an ein Messsystem zur prozessintegrierten OCT-Bildgebung im Tissue Engineering erfüllt. Dies geschah vor dem Hintergrund der zweiten, in Abschnitt 2.4 definierten Forschungsfrage, ob es möglich sei, ein OCT-System zur prozessintegrierten Prüfung von TE-Produkten zu realisieren und wie dessen Komponenten ausgelegt sein müssen. Eine abschließende Bewertung dieses Konzepts und die Beantwortung der Forschungsfrage wird jedoch erst in Kapitel 6 nach einer Validierung im Experiment durchgeführt. In diesem Abschnitt wird daher zum Einen das Gesamtkonzept dieses Systems zusammengefasst und zum Anderen Experimente definiert, die darauf abzielen, die Realisierbarkeit und die technischen Grenzen eines solchen faseroptischen OCT-System zu überprüfen.

4.4.1 Zusammenfassung des Systemkonzepts

Das OCT-System zur Prozesskontrolle im Tissue Engineering besteht aus vier Hauptkomponenten: Dem OCT-System, dem Faseradressierer, der Messsonde und dem Messrechner. Der

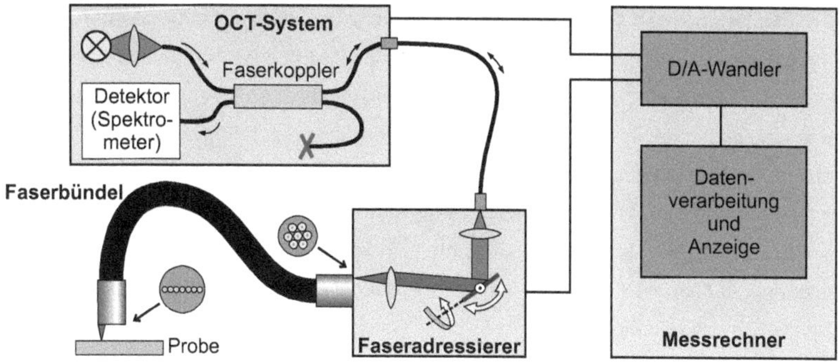

Abbildung 4.12: Prinzipskizze des proximalen Faserscanners

Aufbau ist in Abb. 4.12 schematisch dargestellt. Die Systemkonfiguration ist die eines proximal scannenden, faseroptischen Messsystems. Hauptkomponente ist ein FD-OCT-System mit einer axialen Auflösung von 5 µm und einem axialen Messbereich von 1,5 mm. Der Ausgang des OCT-Systems ist über eine Singlemodefaser mit einem Faseradressierer verbunden. Dieser Faseradressierer ist als eigenständiges System aufzufassen, das als Multiplexer bzw. Lichtweiche zwischen OCT-Gerät und Messsonde zu verstehen ist. Er besitzt einen Eingang, an den das OCT-Gerät über ein Singlemode-Patchkabel angeschlossen wird, sowie einen Anschluss, an dem die verschiedenen Messsonden angekoppelt werden können. Im Adressierer wird das Licht kollimiert und über zwei um 90° zueinander gedrehte Galvanometerscanspiegel auf das proximale Ende der Fasersonde gelenkt. Zwischen Spiegel und Sonde befindet sich eine Fokussierlinse, die das Licht ausreichend bündelt, um es in die Kerne der Fasern des Bündels einzukoppeln. Auf diese Weise können beliebige Punkte auf der Sondenendfläche mit dem Lichtstrahl angefahren werden. Das Licht gelangt über das Faserbündel zur Probe, wird dort zurück gestreut und gelangt über den selben Strahlengang zum OCT-System, wo das Signal erfasst wird.

Die Messsonde ist ein Bündel aus Singlemodefasern mit kleinem Manteldurchmesser, das am distalen Ende als Lineararray ausgelegt ist und am proximalen Ende ungeordnet in einer Standardferrule montiert ist. Die Sonde ist so konzipiert, dass sie als einzige Komponente des Messsystems im Brutschrank zum Einsatz kommt und daher zwecks Sterilisierung abkoppelbar ist. Als interferometrische Referenz dienen dabei die Faserendflächen des distalen Endes. Sowohl OCT-Gerät als auch der Faserscanner sind über eine D/A-Wandlerkarte mit dem Messrechner verbunden, sodass einzelne Fasern angefahren und ein A-Scan ausgelesen werden kann.

Bevor ein Scan des Faserbündels durchgeführt werden kann, müssen die Positionen der einzelnen Faserkerne detektiert werden. Zu diesem Zweck muss die Messsoftware über entsprechende Kalibrierroutinen verfügen. Dabei wird das proximale Ende der Sonde abgerastert, wobei an jedem Punkt die Intensität der in die Fasern eingekoppelten Leistung gemessen wird. Faserkerne erscheinen dabei als Peaks im Signal, deren Lage durch Bildverarbeitungsalgorithmen bestimmt werden können. Anschließend wird die Zuordnung der Fasern zwischen distalem und proximalem Ende bestimmt. Ergebnis der Kalibrierung ist ein Messprogramm, das die Faserpositionen sowie deren Reihenfolge im distalen Lineararray enthält. Durch Ablaufen dieses Messprogramms können nun die Fasern sequenziell angefahren und ausgelesen werden, um somit einen B-Scan zu generieren.

4.4.2 Ableitung der Experimente

Das Systemkonzept wurde in diesem Kapitel durch Analyse der Anforderungen und Vergleich mit dem Stand der Forschung erarbeitet. Ob und wie sich ein solches Messsystem in der Praxis umsetzen lässt, muss jedoch im Experiment überprüft werden. Es existieren einige offene Fragen, sie sich theoretisch nur schwer beantworten lassen, und die sich in Fragen hinsichtlich der OCT-Bildgebung von künstlichen Hautmodellen und zur Funktion des proximal scannenden Messsystems unterteilen lassen.

Obwohl sich die OCT bei der Darstellung von Haut und anderen Geweben in der Vergangenheit erfolgreich behauptet hat, sind Aussagen zur Bildgebungsqualität von künstlicher Haut nur schwer zu treffen. Der Einsatz der OCT im Tissue Engineering ist in der Vergangenheit nur vereinzelt untersucht worden, sodass aus der Literatur keine allgemeinen Aussagen abgeleitet werden können. Insbesondere stellt sich die Frage, ob die OCT zur Darstellung dieser Tissue Engineering Produkte geeignet ist, wie hoch die Eindringtiefe und Auflösung sind und ob relevante Merkmale wie Defekte oder Schichtstrukturen detektiert werden können. Eine Hälfte des folgenden Experimentalteils dieser Arbeit widmet sich daher der Untersuchung der OCT-Bildgebungsqualität von künstlichen Hautmodellen. Dabei werden Hautmodelle in unterschiedlicher Konfiguration und in verschiedenen Wachstumsstadien mittels OCT untersucht. Da durch die Komponenten des proximalen Scanverfahrens unerwünschte Störeffekte auftreten können, wird hierfür ein Standardaufbau zur FD-OCT mit Handscanner verwendet, der häufig in der Literatur für solche in vitro Untersuchungen eingesetzt wird. Damit wird sicher gestellt, dass ein Referenzsystem mit einer maximal möglichen Bildgebungsqualität zum Einsatz kommt, dessen Leistung mit der des hier entwickelten Messsystems verglichen werden kann.

Im zweiten Teil der Experimente liegt der Fokus auf dem Faseradressierer. Da ein solches System in dieser Form und zu diesem Zweck in der Literatur bislang nicht beschrieben wurde, muss das Zusammenwirken der Komponenten hinsichtlich der Messaufgabe untersucht werden. An erster Stelle steht dabei die Untersuchung der Kalibrierroutine. Dabei gilt es zu verifizieren, ob das vorgeschlagene Vorgehen der Fasersuche und -zuordnung zuverlässig funktioniert. Falls dies der Fall ist, muss weiterhin untersucht werden, ob mit Kenntnis der Faserpositionen ein sequenzielles Abscannen der Einzelfasern möglich ist und was die technischen Grenzen des Systems hinsichtlich Einkoppeleffizienz, Messrate und Stabilität sind. Um diese Versuche durchführen zu können, wird das Systemkonzept in Form eines Laboraufbaus umgesetzt, wobei den eigentlichen Untersuchungen eine detaillierte Beschreibung des Aufbaus und der Spezifikation der Komponenten voran gestellt ist.

Kapitel 5

Untersuchungen zur Bildgebung von Hautmodellen mittels OCT

Aufgrund ihrer Fähigkeit zur nicht-invasiven Messung biologischen Gewebes, wurde die OCT als mögliches Bildgebungsverfahren zur Qualitätskontrolle von künstlichen Hautmodellen identifiziert. Da aber in der Literatur kaum Vorarbeiten für diesen Anwendungsfall existieren, wurde die Forschungsfrage gestellt, inwiefern die OCT sich für diese Messaufgabe eignet. Diese Frage wird in diesem Kapitel anhand von Untersuchungen beantwortet. Im Rahmen von Messreihen werden sowohl Kollagengelproben, welche die Basis der Tissue Engineering Produkte darstellen, sowie kultivierte Hautmodelle untersucht. Aus den Ergebnissen werden abschließend Schlussfolgerungen hinsichtlich der Bildgebungsqualität gezogen sowie die Fähigkeit der OCT zur Defekterkennung während des Kultivierungsprozesses beurteilt. Es folgt jedoch vorab eine Beschreibung des verwendeten Messaufbaus sowie der Methoden zur Herstellung des untersuchten Probenmaterials.

5.1 Messaufbau

In Anlehnung an die in der Literatur beschriebenen OCT-Systeme wurde ein Standard-Messaufbau zur in vitro Bildgebung realisiert (siehe Abb. 5.1). Gemäß den in Abschnitt 4.2 abgeleiteten Anforderungen ist das zentrale Modul ein Fourier-Domain-OCT-Gerät. Dieses wurde am Institut für Biomedizinische Optik, Lübeck entwickelt und enthält als Lichtquelle eine 3 mW Superlumineszenzdiode SLD-471-MP-DIL-SM-PD der Firma Superlum Ltd. mit einer Zentralwellenlänge von 930 nm und einer spektralen Breite von 100 nm (FWHM). Das Spektrum der

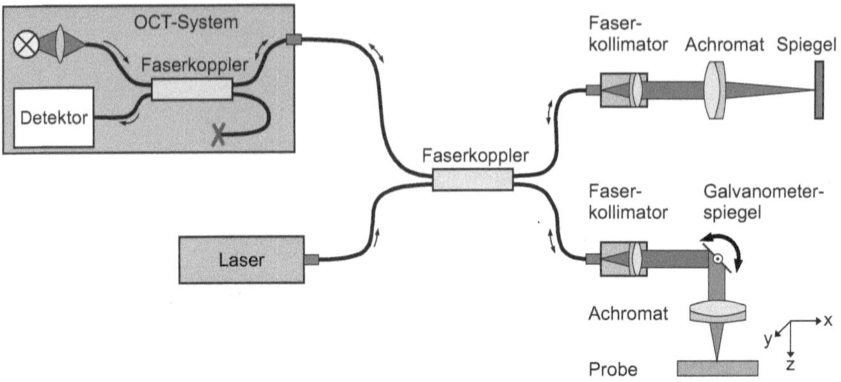

Abbildung 5.1: Prinzipskizze des Laboraufbaus zur in vitro OCT-Bildgebung von künstlichem Gewebe.

Lichtquelle ist in Abbildung 5.2 dargestellt. Das von der SLD kommende Licht wird über eine Singlemode-Faser in einen Faserschmelzkoppler geleitet, wo es in einem Verhältnis von 70:30 aufgeteilt wird. Der lichtstärkere Arm des Schmelzkopplers ist mit einem weiteren 70:30-Faserkoppler verbunden, der das Licht in Referenz- und Messarm aufteilt.

Der faseroptische Messarm ist terminiert mit einem Faserkonnektor, an dem ein Faserkollimator (f=12 mm) angeschlossen ist. Dieser kollimiert das Licht in einen ca. 2,16 mm breiten Strahl, der über einen NIR Achromaten (f=40 mm) auf die Probe fokussiert wird. Die Strahlpositionierung wird über zwei um 90° angeordnete Galvanometerscanspiegel bewerkstelligt, die den Strahl in einem lateralen Bereich von etwa 20 mm x 20 mm auf der Probe positionieren können. Die Optik des Referenzarms ist analog zum Messarm aufgebaut, um Signalverluste durch ein unterschiedliches Dispersionsverhalten in beiden Armen zu vermeiden. Die Referenzstrecke unterscheidet sich lediglich dadurch, dass diese keine Galvanometerspiegel enthält und dass anstelle einer Probe ein Spiegel im Fokus des Achromaten positioniert ist. Um einen Längenabgleich zwischen Referenz- und Messarm vornehmen zu können, ist der Faserkollimator im Referenzarm auf einem Lineartisch montiert. Weiterhin ist der Referenzspiegel auf einem Kipp-Schwenktisch montiert, um diesen einerseits zum Strahl ausrichten zu können, aber auch um durch leichte Dejustage die Intensität des Referenzlichts variieren zu können. Die Referenzstrecke wurde so eingestellt, dass eine ausreichend hohe Referenzintensität vorliegt, ohne aber den Detektor zu übersättigen. Die Lichtleistung der Referenzstrecke betrug dabei in der Regel zwischen 50 und 100 µW. An dem verbleibenden Arm des zweiten Faserschmelzkopplers wurde letztlich eine

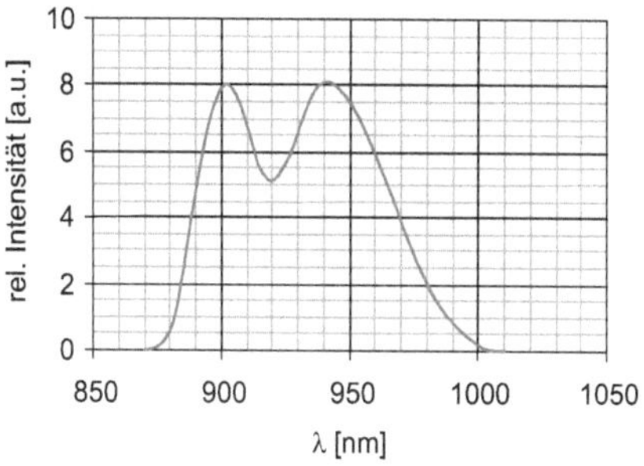

Abbildung 5.2: Spektrum der Lichtquelle (Quelle: Superlum Ltd.)

Laserquelle angeschlossen, um ein einfacheres Positionieren des Messstrahls auf de Probe zu erlauben.

Nachdem das aus dem Proben- und Referenzarm kommende Licht durch den Schmelzkoppler überlagert wurde, gelangt es in das OCT-Gerät, wo es in einem Gitterspektrometer analysiert wird. Das Spektrometer besteht aus einem Kollimator zur Erzeugung eines parallelen Strahlenbündels und einem Dispersionsgitter (Gitterkonstante g=830 mm^{-1}), welches das einfallende Licht spektral zerlegt und über eine Abbildungsoptik auf eine CCD-Zeile mit 1024 Pixel projiziert. Das Detektorsignal wird anschließend über eine Datenerfassungskarte (D/A-Wandlerkarte) digitalisiert und schließlich einem Messrechner zugeführt.

Zur Messdatenverarbeitung und -anzeige sowie zur Ansteuerung des Galvonometerspiegelaufbaus wurde ein Software verwendet, die neben der eigentlichen Messfunktion auch eine Reihe von Kalibrierschritten durchführt. Diese sind insofern notwendig, als dass eine direkte Fouriertransformation des Detektorsignals keine sinnvollen A-Scans liefert, da beispielsweise der Dunkelstrom der CCD sowie die spektrale Charakteristik der Strahlquelle störende Komponenten in das Fourierspektrum des Signals einbringen.

Der erste durchzuführende Kalibrierschritt bei Inbetriebnahme des OCT-Geräts ist die Durchführung eines Schwarzabgleichs. Dabei wird bei ausgeschalteter Lichtquelle das Detektorsignal mehrfach gemessen und der mittlere Dunkelstrom pro Pixel bestimmt. Anschließend erfolgt ein Weißabgleich (Apodisation) durch Messung der spektralen Charakteristik von SLD und CCD-Zeile. Dies kann beispielsweise durchgeführt werden, in dem nur das Licht der Referenzstrecke gemessen wird. Dieser Schritt dient dazu, die später gemessenen Signale vor Durchführung der Fouriertransformation in eine Gauss- oder Hann-Funktion zu überführen, um so die systematischen, langwelligen Beiträge, die keine Probeninformation tragen, im Fourierspektrum zu eliminieren.

Als letzter Kalibrierschritt ist schließlich ein Dechirp durchzuführen. Dies liegt darin begründet, dass das Spektrometer die Intensität in Abhängigkeit von der Wellenlänge ausgibt. Da bei der inversen Fouriertransformation die Basisvariable die Wellenzahl k ist, muss das Spektrum in die k-Darstellung konvertiert werden. Aufgrund der nichtlinearen Beziehung $k \sim \frac{1}{\lambda}$ wird das Spektrum durch diese Operation ungleichmäßig „gedehnt", sodass sinusförmige Modulationen im Spektrum gechirpt werden. Um die dadurch bei der FFT auftretenden Signalverbreiterungen zu eliminieren, wird in diesem Kalibrierschritt das Chirpverhalten bestimmt und eine entsprechende Korrekturtabelle errechnet.

Bei Inbetriebnahme des OCT-Geräts ist zu beachten, dass die SLD nach dem Einschaltvorgang starke zeitliche Schwankungen in dessen Spektrum und Gesamtintensität zeigt. Durch Messung der zeitlichen Abhängigkeit der Intensität konnte festgestellt werden, dass die verwendete SLD eine Einschwingzeit von ca. 70 s aufweist, innerhalb derer die Durchführung von Kalibriermessungen nicht sinnvoll ist. Die Ergebnisse dieser Messreihe sind Anhang A zu entnehmen.

Nach erfolgreicher Kalibrierung des OCT-Geräts kann der eigentliche Messvorgang gestartet werden. Dabei werden mit den Galvanometerspiegel mehrere Punkte entlang einer Linie auf der Probe angefahren und an jedem Ort ein Spektrum von dem Detektor ausgelesen. Anschließend wird dem Signal der Schwarzabgleich subtrahiert und entsprechend des Weißabgleichs in ein Hann-Funktion überführt. Nach Konvertierung in den k-Raum wird der Dechirp angewandt und mittels FFT der A-Scan erzeugt. Sämtliche A-Scans werde schließlich zu einer zweidimensionalen Datenmatrix zusammengefügt und als B-Scan dargestellt. Diese Daten können anschließend für die weitere Analyse bzw. Verarbeitung gespeichert werden.

Während die axiale Auflösung maßgeblich durch die spektrale Breite der Lichtquelle bestimmt ist, ist die laterale Auflösung lediglich vom Durchmesser des auf die Probenoberfläche auftreffenden Strahls ab. Dieser Fokusdurchmesser lässt sich nach den Prinzipien der Gauß-Strahloptik und unter der Annahme einer optimalen Fokussierung berechnen. Mit der bekannten Brennweite f des Objektiv-Achromaten, einem aus dem Kollimator austretenden Strahldurchmessers von 2,16 mm (normiert auf $\frac{1}{e^2}$ Niveau, also 13,5% der zentralen Intensität) sowie unter Verwendung der Zentralwellenlänge der SLD berechnet sich ein minimaler Durchmesser Probenstrahls von 34 µm. Obwohl dieser Wert nur für monochromatische Strahlung unter Vernachlässigung chromatischer Aberrationen berechnet wurde, kann dieser Wert zunächst als eine erste Näherung des realen Spotdurchmessers betrachtet werden. Eine Messung des Spotdurchmessers mit einem Laserstrahldiagnosegerät (Fa. Spiricon) ergab einen auf $\frac{1}{e^2}$ Niveau normierten Strahldurchmesser von 35,2 µm $\pm$ 4,4 µm, der dem berechneten, monochromatischen Strahldurchmesser sehr nahe kommt. Mit den Regeln der Gauß-Optik lässt sich weiterhin die Schärfentiefe bestimmen, in der eine scharfe Abbildung der Messobjekts gewährleistet ist. Dieser Bereich kann näherungsweise durch die doppelte Rayleigh-Länge des fokussierten Strahls angeben werden, die sich aus den gegeben Parametern zu 2,10 mm berechnet. Aus diesem Wert lässt sich folgern, dass eine scharfe Abbildung im gesamten Tiefenmessbereichs des verwendeten OCT-System (1,6 mm) möglich ist.

5.2 Probenmaterial

Das bei den Untersuchungen verwendete biologische Probenmaterial wurde am Stuttgarter Fraunhofer-Institut für Grenzflächen- und Bioverfahrenstechnik IGB hergestellt und für die OCT-Untersuchungen zur Verfügung gestellt. Die Zustellung der Proben erfolgte über einen Expressdienst, wobei die Proben versiegelt waren und während des Zeitraums der Zustellung durch Kühlakkus temperiert wurden. Diese Vorgehensweise wurde bereits in der Vergangenheit zur Zustellung von Hautmodellen an den Endkunden durch das IGB verfolgt. Als Messobjekte wurden einerseits unbesiedelte Kollagengele unterschiedlicher Mischungsverhältnisse untersucht, andererseits künstliche Hautmodelle, die in unterschiedlichen Entwicklungsstadien gemessen wurden. Im Folgenden wird das Verfahren zur Herstellung dieser Proben erläutert.

5.2.1 Herstellung der Kollagenproben

Die bei diesen Untersuchungen verwendeten Kollagengelproben bestanden aus Kollagenlösung, die mit Gelneutralisationslösung gemischt waren. Kollagen ist das Hauptstrukturprotein der extrazellulären Matrix natürlichen, menschlichen Gewebes und spielt daher eine wichtige Rolle bei der Produktion künstlicher Hautmodelle. Die Herstellung einer Kollagenlösung erfolgt auf Basis kollagenhaltigen Gewebeproben, die mittels chemischer, mechanischer oder enzymatischer Behandlung aus biologischem Material, zum Beispiel Rattenschwänzen, gewonnen werden kann. Bei diesem Prozess werden die Rattenschwänze unter sterilen Bedingungen mit einer Alkohollösung desinfiziert, die Haut entfernt und einzelne Kollagenfasern entnommen. Diese werden in phosphatgepufferter Kochsalzlösung (PBS) gelagert, oberflächlich mit Alkohollösung desinfiziert und wiederum gründlich mit PBS gewaschen. Anschließend werden die Kollagenfasern in Essigsäurelösung überführt, so dass das Kollagen schließlich in gelöster Form vorliegt. Bei der zur Zellkultivierung verwendeten Gelneutralisationslösung, der zweiten Komponente der

Kollagengele, handelt es sich um die sterilfiltrierte Mischung aus konzentriertem Zellkulturmedium, in PBS gelöstem HEPES Puffer sowie Chondroitinsulfat. Beide Lösungen werden schließlich im gewünschten Verhältnis miteinander gemischt. Durch den pH-Wert-Shift im Gemisch erfolgt eine Vernetzung des zuvor in Essigsäure gelösten Kollagens, was zur Gelierung der Lösung führt. Durch Inkubation bei 37 °C wird dieser Vorgang weiter beschleunigt [NG03].

5.2.2 Herstellung der Hautmodelle

Als Scaffold für die Hautmodelle dient das im vorangegangenen Abschnitt erläuterte Kollagengel, das mit Fibroblasten vermischt und oberflächlich mit einer Keratinozytenschicht versehen wird. Keratinozyten sind mit einem Anteil von ca. 95 % der häufigste Zelltyp der humanen Epidermis, also der oberen Hautschicht. In natürlicher Haut wachsen diese in Richtung der Hautoberfläche und erfahren im Laufe ihres Lebenszyklus eine zunehmende Verhornung, bis sie an der Hautoberfläche schließlich eine Schicht aus Korneozyten, dem toten Endprodukt der Keratinozyten, bilden, die sogenannte Hornhaut. Das Bindegwebe wird andererseits von Fibroblasten bevölkert, die größtenteils in der humanen Dermis, der unterhalb der Oberhaut liegenden Lederhaut, vor.

Das Zellmaterial zur Herstellung der Hautmodelle wurde aus humanen Hautbiopsien gewonnen. Dabei handelt es sich im Allgemeinen um Hautabfälle, die bei chirurgischen Eingriffen, zum Beispiel Beschneidungen, entstehen und üblicherweise entsorgt werden. Da das Zellmaterial jüngerer Spender in der Regel eine höhere Zellvitalität bei der Kultivierung garantiert, wird vorzugsweise auf Gewebeproben von Patienten im Alter von bis zu 10 Jahren zurückgegriffen. Zur Isolation der Zellen aus der Biopsie wird in einem ersten Schritt das unter der Haut liegende Fettgewebe entfernt, so dass lediglich Dermis und Epidermis vorliegen. Die Verbindung zwischen Dermis und Epidermis wird mittels Kultivierung bei Zugabe des Enzyms Dispase gelöst, sodass beide Hautschichten anschließend getrennt weiter verarbeitet werden können.

Die isolierte Epidermis wird nun verwendet, um die benötigten Keratinozyten zu gewinnen. Unter Zugabe von Trypsin, einer Mischung aus Protein zersetzenden Enzymen, wird der Zellverband aufgelöst und die Zellen vereinzelt. Durch Zentrifugieren werden die im Trypsin suspendierten Keratinozyten zu einem Zellpellet verdichtet, wonach das Trypsin mittels FCS abgestoppt und entfernt wird. Dieses Pellet wird in einem speziellem Nährmedium resuspendiert und in Zellkulturflaschen ausgesät. Aufgrund der früh einsetzenden Dedifferenzierung der Keratinozyten, also dem Verlust ihrer Zelltyp-spezifischen Eigenschaften, können diese nur einmal passagiert bzw. 12 Tage lang kultiviert werden, ehe sie zum Aufbau der Hautmodelle eingesetzt werden müssen.

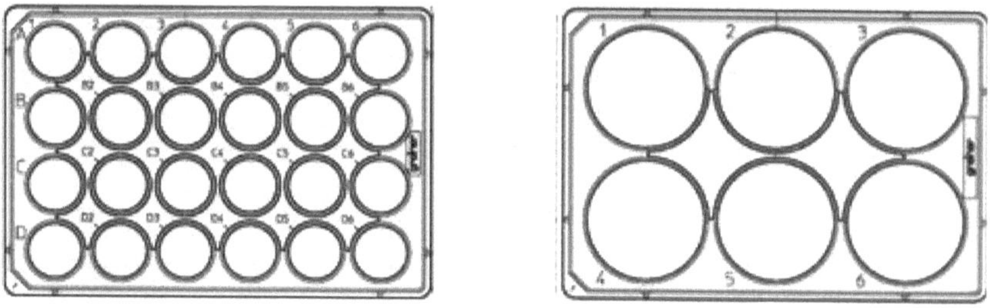

Abbildung 5.3: 6 - und 24-Well Mikrotiterplatten.

Die Isolation der Fibroblasten aus der Dermis geschieht unter Zugabe von Kollagenase, einem Enzym, welches das Zellen bindende Kollagen zersetzt. Auch Fibroblasten werden schließlich zu einem Zellpellet zentrifugiert, bevor anschließend die Kollagenase entfernt wird. Die isolierten Fibroblasten sind relativ robust und können bis zur fünften Zellpassage für den Aufbau der Hautmodelle verwendet werden.

Die Lagerung der Kollagengele sowie die Kultivierung der Hautmodelle erfolgt in Mikrotiterplatten (MTP) aus Kunststoff, die sich in der Anzahl der enthaltenen Näpfe unterscheiden können (siehe Abb. 5.3). Übliche Formate sind 6-Well- oder 24-Well-Platten. Für die hier durchgeführten versuche wurden ausschließlich 24-Well-Platten eingesetzt. Die Hautmodelle befinden sich bei der Kultivierung in speziellen Zellkultureinsätzen, auch „Inserts“ genannt. Diese Einsätze sind kleinere Näpfe, die in Wells eingehängt werden können und über eine semipermeable Membran auf deren Unterseite verfügen. Auf diese Weise kann das Hautmodell durch das in dem Well befindliche Zellkulturmedium mit Nährstoffen versorgt werden (siehe Abb. 5.4). Die in diesen Versuchen verwendeten Inserts waren „ThinCerts“ der Firma Greiner bio-one GmbH mit einem Membranporendurchmesser von 0,4 µm. Diese wurden aufgrund deren hohen Verfügbarkeit ausgewählt

Der Aufbau der Hautmodelle erfolgt durch Resuspendierung einer definierten Anzahl an Fibroblasten in Gelneutralisationslösung, das daraufhin mit Kollagenlösung vermengt wird. Das so besiedelte Kollagengel bildet die spätere Dermisschicht wird in Mengen von jeweils 500 µl auf die Inserts einer 24-Well-Platte verteilt. Unter Zugabe von FCS und dem Zellkulturmedium Dulbecco's Modified Eagle Medium (DMEM) werden die Proben über 24 Stunden in einem Brutschrank bei 37 °C gelagert. Anschließend wird den Proben Fibronectin beigefügt, das als Bestandteil der natürlichen extrazellulären Matrix den Zusammenhalt des künstlichen Gewebes stärkt. Nach diesen Schritten erfolgt der Aufbau der Epidermisschicht durch aussähen gelöster Keratinozyten

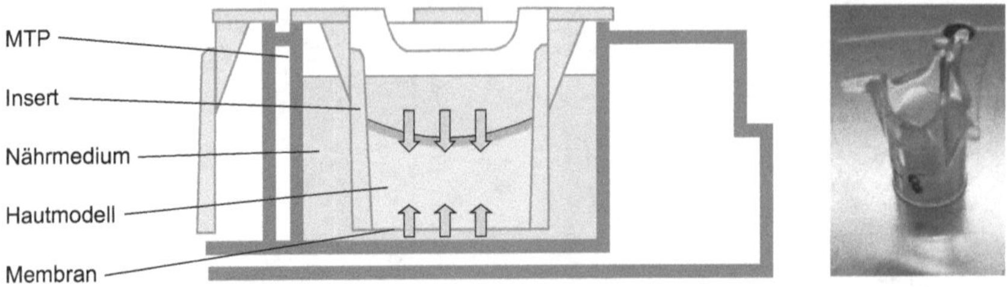

Abbildung 5.4: Insert mit Hautmodell in Well Platte im Stadium der Submerskultivierung. Kontakt zum Nährmedium erfolgt über Membran und Oberflächenkontakt (siehe Pfeile). Links: Skizze; Rechts: Foto eines einzelnen befüllten Inserts.

auf die Proben. Die so erzeugten Hautmodelle werden sechs Tage lang im Brutschrank in einer sogenannten Submerskultur kultiviert, in der die gesamte Probe vollständig von Zellkulturmedium umgeben ist. So wird das Hautmodell sowohl von unten über die Insertmembran, als auch von oben über die Grenzfläche Epidermis-Zellkulturmedium mit Nährstoffen versorgt.

Nach Ablauf der sechs Tage wird das Nährmedium soweit abgesenkt, dass die obere Keratinozytenschicht in Kontakt mit der Umgebungsluft tritt. Diese „Airliftkultur" löst die Verhornung der oberen Epidermis aus, sodass entsprechend des natürlichen Vorbilds eine Hornhaut entsteht. In dieser Konfiguration werden die Hautmodelle weitere 14 Tage im Brutschrank kultiviert, damit die enthaltenen Zellen sich weiter vermehren können und ein stabiles Gewebe ausbilden. Anschließend können die Hautmodelle entnommen und als Testsystem eingesetzt werden.

5.3 Messergebnisse

5.3.1 Messungen an unbesiedeltem Kollagen

Erste Messreihen wurden mittels OCT an den unbesiedelten Kollagengelen durchgeführt, um die grundsätzliche Darstellbarkeit dieses Grundmaterials beurteilen zu können. Dabei sollte vor allem der Parameter „Eindringtiefe" bestimmt werden, wobei die Kollagenproben als makroskopisch homogene Mischungen aus Kollagengel und Gelneutralisationslösung betrachtet wurden. Die Visualisierung innerer Strukturen, zum Beispiel Lufteinschlüsse oder Defekte standen an dieser Stelle nicht im Vordergrund der Messreihen. Eine Bestimmung dieser Materialeigenschaften ist auch insofern für eine spätere Qualitätssicherung relevant, da die Kollagengelgemische das

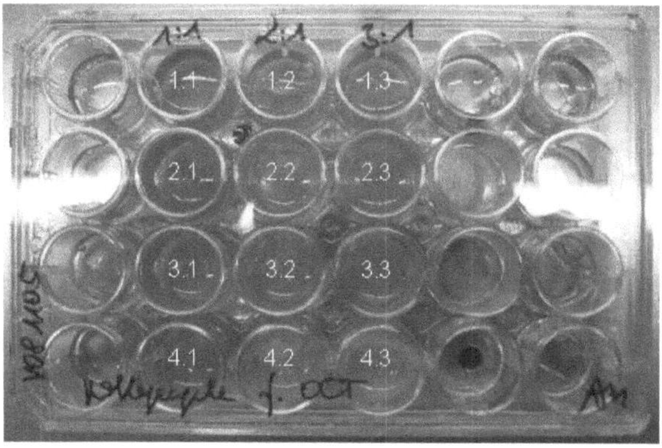

Abbildung 5.5: Kollagengele verschiedener Mischungsverhältnisse in einer 24-Well Mikrotiterplatte (MTP).

Ausgangsmaterial für die Produktion der Hautmodelle darstellen. Eine Messung der Materialparameter mittels OCT könnte dazu beitragen, den Prozessschritt der Gelherstellung ohne Einsatz zerstörender Analyseverfahren abzusichern, um so gleich bleibende Bedingung für das spätere Kultivieren der Hautmodelle zu garantieren. Eine Auswertung der A-Scans, also der Rückstreuintensität in Abhängigkeit von der Tiefe, erlaubt dabei nicht nur die Bestimmung der Eindringtiefe, sondern auch die des Rückstreukoeffizienten, um ein grobes Maß für die Gelkonzentration bzw. die Besiedlungsdichte der Hautmodelle zu erhalten. Aus diesem Grund steht in diesem Abschnitt neben der Darstellung der Messergebnisse auch die angewandte Vorgehensweise zur Ermittlung der Materialeigenschaften im Vordergrund.

Zur Untersuchung der Darstellbarkeit von Kollagengelgemischen wurden B-Scans von Kollagengelen mit unterschiedlichen Mischungsverhältnissen durchgeführt und die detektierten Intensitätsverläufe der A-Scans näher analysiert. Für die Messreihen lagen Kollagengelproben in Mischungsverhältnissen von 1:1, 2:1 sowie 3:1 vor, wobei hiermit das Volumenverhältnis der Kollagenlösung zur Gelneutralisationslösung bezeichnet ist. Die Gele wurden in Wells einer Mikrotiterplatte abgefüllt, wobei jeweils vier Wells der Platte mit Gel eines der oben genannten Mischungsverhältnisse gefüllt wurden. Abbildung 5.5 zeigt die Mikrotiterplatte mit den gemessenen Kollagengelproben sowie deren Nummerierung.

An jeder Probe wurden jeweils fünf Messungen in Form einzelner B-Scans an unterschiedlichen Stellen durchgeführt. Die Breite des B-Scans betrug dabei 2 mm mit einer Auflösung von 1000 Spalten, bzw. 2 µm. Diese hohe Messpunktdichte scheint auf den ersten Blick zu Redun-

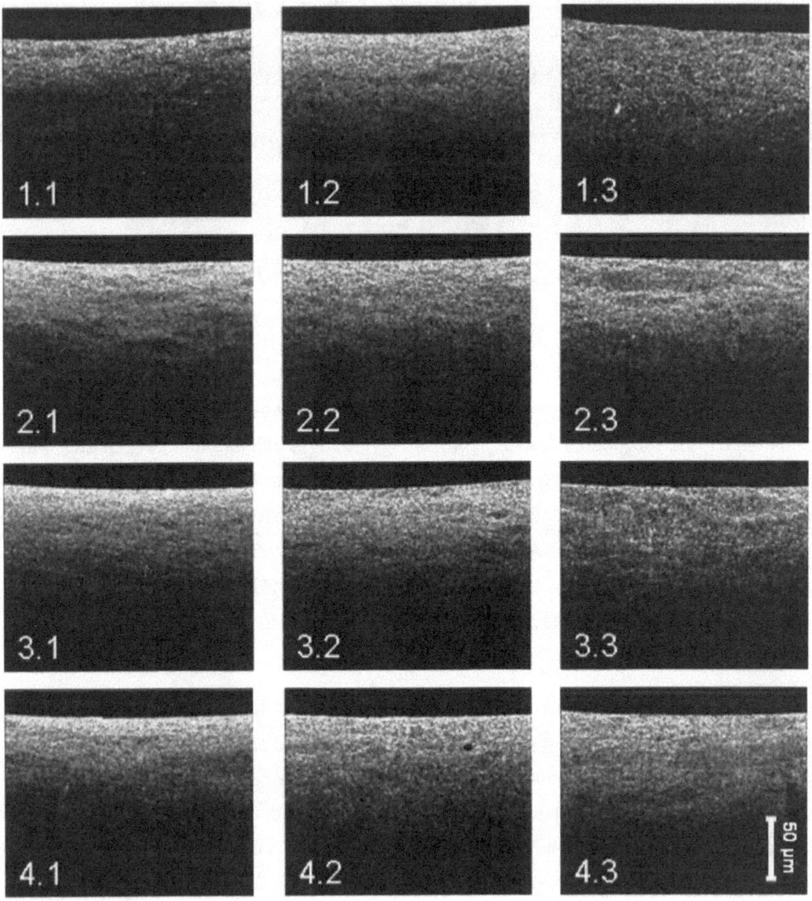

Abbildung 5.6: B-Scans der Kollagengele. Nummerierung entspricht der in Abbildung 5.5.

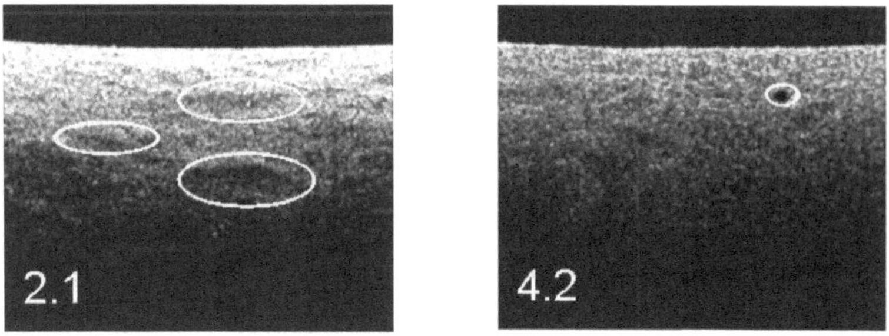

Abbildung 5.7: Inhomogenitäten in der gemessenen Kollagengelen. Links: Bereiche varrierender optische Dichte. Rechts: kleinerer Lufteinschluss.

danzen zu führen, da die Größe des Messspots lediglich 35 µm beträgt. Die gewählte Auflösung führt aber dazu, dass die Specklestrukturen, die wesentlich den visuellen Eindruck bestimmen, im Messobjekt besser aufgelöst werden. Dadurch ist es zumindest für den subjektiven, menschlichen Betrachter einfacher, die Bildgebungsdaten zu interpretieren.

Die Ergebnisse dieser Messreihen sind ausschnittsweise in Abbildung 5.6 dargestellt, wobei hier jeweils ein repräsentativer B-Scan der einzelnen Kollagenproben ausgewählt wurde. Zur besseren Darstellbarkeit im Druck wurden die abgebildeten B-Scans zwecks Kontrasterhöhung in in ihren Helligkeits- und Gamma-Werten angepasst sowie einer Median-Filterung (3x3-Filtermaske) zur Reduzierung des statistischen Rauschens unterzogen. Eine qualitative Betrachtung der durchgeführten OCT-Bilder zeigt, dass sich die Gelproben überwiegend als homogene bzw. makroskopisch homogen gemischte Materialien darstellen. Helligkeitsunterschiede in den betrachteten Probenarealen geben Hinweise auf lokal variierende optische Eigenschaften des Kollagengelgemischs, die auf eine nicht vollständig erfolgte Durchmischung schließen lassen. Für die folgenden quantitativen Auswertungen werden jedoch die Messergebnisse als Ganzes verarbeitet, sodass diese geringen Schwankungen nur geringen Einfluss auf die Ergebnisse haben sollten. Darüber hinaus sind in den Proben keine größeren Lufteinschlüsse oder Defekte zu erkennen, sodass auch hierdurch keine Störeinflüsse zu erwarten sind (siehe auch Abb. 5.7).

Vergleicht man die B-Scans in Abbildung 5.6 untereinander, so ist eine Tendenz zu höheren Eindringtiefen im Schnittbild mit zunehmender Kollagenkonzentration zu beobachten. Um dies zu verdeutlichen, wurden in Abbildung 5.8 drei willkürliche Messungen mit unterschiedlichen Mischungsverhältnissen ausgewählt. Hier wurde ebenfalls zur Verbesserung der Darstellung im Druck eine Kontrastverbesserung durchgeführt, wobei auf alle Bilder die selben Operationen

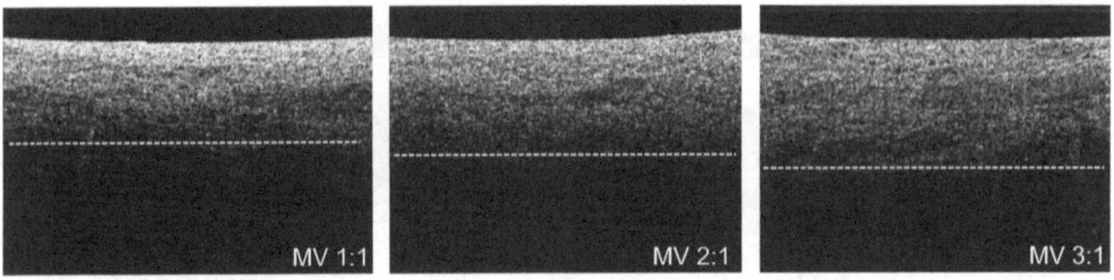

Abbildung 5.8: Qualitativer Vergleich der Eindringtiefen in Kollagengele unterschiedlicher Mischungsverhältnisse (MV). Der dargestellte Messbereich beträgt für alle Bilder 2 mm x 1,6 mm.

angewandt wurden, sodass eine Vergleichbarkeit gegeben bleibt. Um jedoch belastbare Aussagen zu erhalten, ist es notwendig, die Messdaten quantitativ auszuwerten. Dies erfordert in einem ersten Schritt eine Definition der Eindringtiefe. Um eine praktische Relevanz zu besitzen, muss dieser Parameter derart definiert sein, dass er direkte Aussagen darüber erlaubt, in welchen Messtiefen noch ein erkennbares Messsignal vorhanden ist. Dies steht im Gegensatz zu Materialparametern wie etwa Rückstreu- oder Abschwächungskoeffizienten, die einerseits nur mit hohem Aufwand mittels OCT zu bestimmen sind und die andererseits kein direktes Maß für die Eindringtiefe sind. Wie in Abschnitt 3.2.1.3 erläutert, zeigt ein A-Scan eines homogenen, streuenden Materials einen linearen Intensitätsabfall, der schließlich das Messsignal in das Grundsignal des OCT-Systems übergehen lässt. Die Lage dieses Übergangspunkts gilt es als Maß für die Eindringtiefe zu bestimmen.

Aufgrund des starken, statistischen Rauschens und der Speckles in den A-Scans ist eine genaue Extraktion der Eindringtiefe aus einzelnen A-Scans nur schwer zu erreichen. Erste Voraussetzung für eine Auswertung der Messungen ist daher eine Glättung der Daten. Durch Anwendung von Standard-Bildverarbeitungsalgorithmen, wie etwa dem bereits eingesetzten Medianfilter, können zwar Pixelrauschen und Ausreißer unterdrückt werden, jedoch ist eine Glättung der OCT-Daten aufgrund der Größe der Speckles ohne Verlust wichtiger Bildinformationen nicht möglich. Eine Alternative im Fall homogener Materialien ist es, sämtliche Bildspalten eines B-Scans zu mitteln. Problematisch bei einer solchen Mittelung ist aber die von Probe zu Probe unterschiedlich stark gekrümmte Probenoberfläche, die einerseits auf die geometrische Beschaffenheit der Proben zurückzuführend ist, zum Teil aber auch durch Abbildungsfehler der Scanoptik hervorgerufen werden können. Eine einfache Mittelwertbildung über alle Spalten der B-Scans würde folglich bei stark gekrümmten Oberflächen zu einem Verschmieren der Tiefeninformationen in diesem Bereich führen.

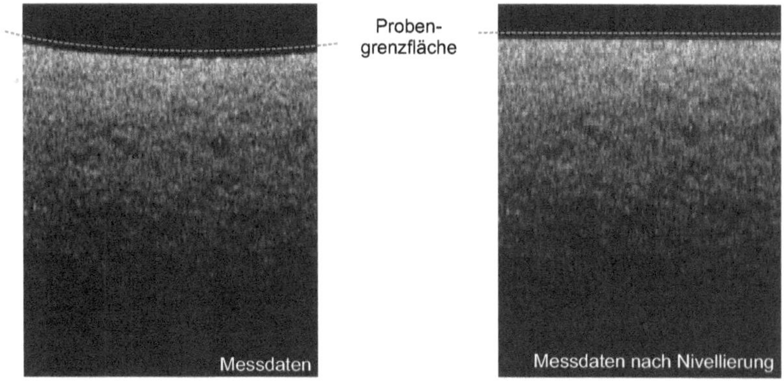

Abbildung 5.9: Ergebnis der grafischen Nivellierung eines B-Scans.

Um dennoch die Messungen auf diese Weise auswerten zu können, ist es möglich, die Bildgebungsdaten durch eine Bildverarbeitung zu nivellieren. Dabei wurde für jeden A-Scan eines OCT-Bilds die Grenzfläche Luft-Probe (bzw. der Übergang Dunkel-Hell im oberen Bildteil) durch ein Schwellwertverfahren lokalisiert, um anschließend die einzelnen Bildspalten definiert in z-Richtung so zu verschieben, dass ein modifizierter B-Scan mit einer ebenen Probenoberfläche entsteht (siehe Abb. 5.9). Die Festlegung des Schwellwerts ist in diesem Fall entscheidend für die Qualität des Ergebnisses: Ist der Schwellwert zu gering, ist das Verfahren zu empfindlich, ist er zu hoch, kann es vorkommen, dass einzelne Spalten nicht verarbeitet werden, da die Grenzfläche nicht gefunden wird. Aus diesem Grund muss dieses Verfahren für eine automatisierte Auswertung als nicht praktikabel betrachtet werden. Nichtsdestotrotz konnten im Rahmen dieser Arbeiten durchgeführten manuellen Datenauswertungen brauchbare Ergebnisse erzielt werden.

Ist eine Nivellierung eines B-Scans erfolgt, kann nun der mittlere A-Scan durch Mittelung der Bildzeilen generiert werden. Der hieraus berechnete gemittelte A-Scan weist nur wenig Rauschen auf und erlaubt eine bessere Beurteilung des Signalverlaufs (siehe Abb. 5.10). Aus diesen Messdaten ist zu erkennen, dass die Eindringtiefe mit steigender Kollagengelkonzentration zunimmt. Abzüglich der Dicke der Luftschicht über der Probe ergeben sich aus den Messdaten Eindringtiefen von 0,65 mm, 0,75 mm und 0,80 mm für Mischungsverhältnisse von 1:1, 2:1 bzw. 3:1. Dieses Verhalten kann auf zwei Mechanismen zurückgeführt werden. Einerseits ist das Kollagengel farblos, während die Gelneutralisationslösung mit einem roten Indikator versetzt ist. Gemäß dem Beer-Lambert-Gesetz (Gleichung (3.25)) kann eine Vermischung des Kollagens

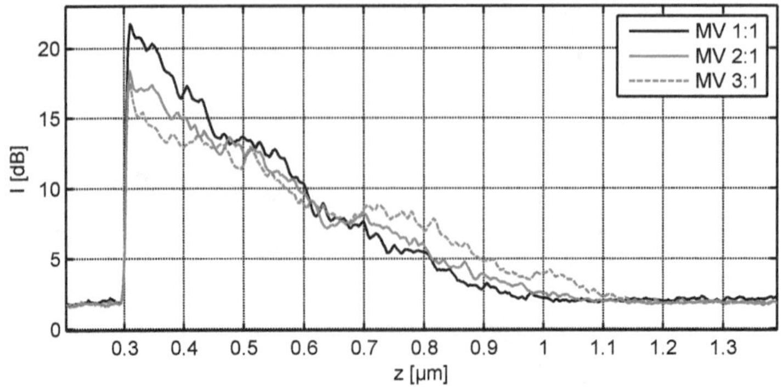

Abbildung 5.10: Vergleich der gemittelten A-Scans von Proben mit unterschiedlichen Mischungsverhältnissen (MV).

mit diesem Farbstoff zu erhöhter Absorption in der Probe und damit zu einem steileren Abfall der OCT-Signalamplitude führen. Da aber die absolute Signalamplitude bei abnehmenden Kollagengehalt ansteigt, muss ebenfalls eine stärkere Streuung im Material vorliegen. Da beide Medien einzeln betrachtet verhältnismäßig schwache Streuer sind, entstehen vermutlich durch die Vermischung mikroskopische Inhomogenitäten, die für ein Ansteigen des Streukoeffizienten verantwortlich sind. Da eine stärkere Streuung einen höheren Abschwächungskoeffizienten sowie üblicherweise eine höhere Rückstreuung zur Folge hat, würde dieser Effekt sowohl den Anstieg der gemessenen Signalamplitude als auch den steileren Signalabfall erklären.

Da Abbildung 5.10 nur die Ergebnisse von drei exemplarischen B-Scans wiedergibt, wurde ein Auswerteprogramm erstellt, dass alle Messdaten verarbeitet und damit statistische Aussagen liefert. Bei dieser Auswertung wurde in jedem aufgenommenen B-Scan der Betrag des Intensitätsabfalls bestimmt. Da die grafische Nivellierung der Messdaten zu instabil für eine automatisierte Auswertung ist, wurde ein alternatives Vorgehen gewählt. Dabei wurde der Intensitätsabfall in jeder Bildspalte eines betrachteten B-Scans einzeln ermittelt, um anschließend einen Mittelwert für das betrachtete OCT-Bils zu errechnen. Zur Bestimmung des Intensitätsverlaufs wurde jeweils nur ein Ausschnitt der A-Scans betrachtet, der wenige µm unter der Probenoberfläche positioniert wurde und dessen Länge 500 µm betrug.

Nachdem dieses Verfahren auf sämtliche aufgenommenen B-Scans angewandt wurde, wurden die Mittelwerte und Standardabweichungen des Intensitätsabfalls für die drei vorliegenden Mischungsverhältnisse errechnet (siehe Abb. 5.11). Auch hier ist eine deutliche Tendenz zu höhe-

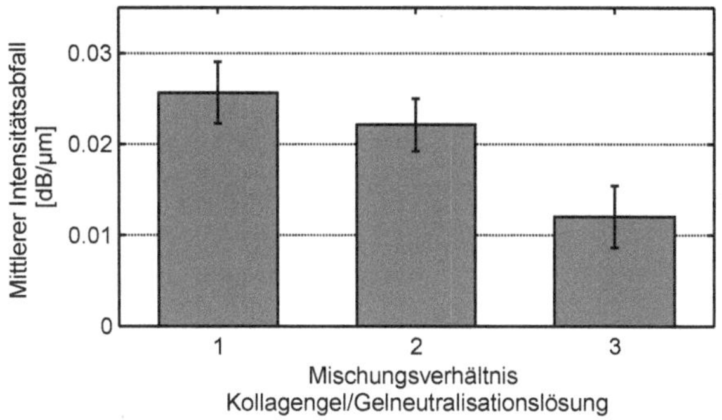

Abbildung 5.11: Mittlerer Intensitätsabfall in der Probe für die drei untersuchten Kollagengelkonzentrationen. Die jeweilige Standardabweichung ist als Fehlerbalken eingetragen.

ren Signalabfällen bei geringerer Kollagengelkonzentration zu erkennen. Eine genaue Bestimmung der Materialparameter aus den OCT-Bildern ist aber aufgrund der starken Streuung der Messwerte nur eingeschränkt möglich. Diese Unsicherheit kann vor allem durch das manuelle Herstellungsverfahren erklärt werden, das sowohl zu globalen als lokalen Variationen der Kollagenkonzentrationen in den Proben führen kann. Es ist jedoch denkbar, dass in einer automatisierten Produktion von künstlichen Hautmodellen dieser Prozess durch eine maschinelle Verarbeitung abgelöst wird und somit eine höhere Reproduzierbarkeit in den Materialeigenschaften der Kollagengele erreicht werden kann. In diesem Fall stünde mit dem hier skizzierten Verfahren eine Vorgehensweise zur Verfügung, mit dessen Hilfe Materialeigenschaften der Proben verhältnismäßig schnell bestimmt werden können, um so den Mischprozess abzusichern oder später einen Anhaltspunkt für die Besiedlungsdichte der Hautmodelle zu liefern.

5.3.2 Messungen an Hautmodellen

Nach Durchführung erster OCT-Messreihen an unbesiedelten Kollagengelen wurde die Bildgebung von kultivierten Hautmodellen untersucht. Der Fokus lag hier auf einer Abwägung der Anwendbarkeit der OCT bei der Durchführung qualitätssichernder Maßnahmen im Rahmen der Herstellung der Hautmodelle sowie dessen Potenzial hinsichtlich einer Automatisierung. Im Gegensatz zu den homogenen Kollagengelproben werden hier auch explizit die inneren Strukturen der Proben betrachtet. Von vorrangigem Interesse für die Funktion des Produkts ist die Schicht-

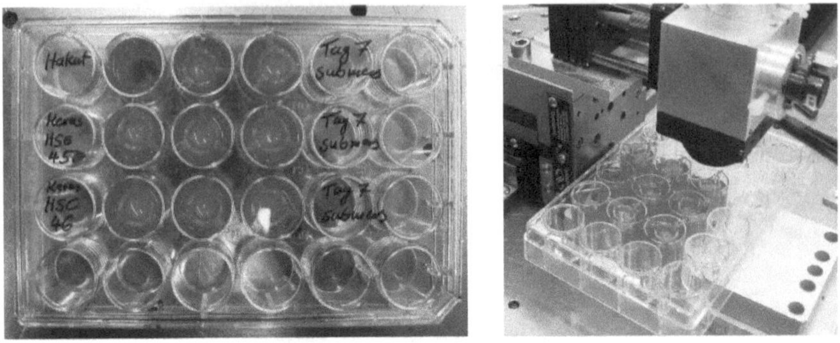

Abbildung 5.12: Hautmodelle einer Messreihe in der 24-Well-Platte (links) und während der Messung (rechts).

struktur des künstlichen Hautkonstrukts, jedoch sollte auch die Möglichkeit zur Detektion eventuell vorhandener Defekte in der Probe untersucht werden.

Für die Messreihen wurden durch das Fraunhofer IGB Hautmodelle unterschiedlicher Wachstumsstadien und Chargen zur Verfügung gestellt. Über einen Zeitraum von ca. 4 Monaten wurden wöchentlich jeweils neun Hautmodellproben aus insgesamt sechs verschiedenen Chargen übergeben. Den einzelnen Chargen wurden erste Proben nach 7 Tagen, also in der Phase der Submerskultivierung, die darauf folgenden nach 14 Tagen, in der Phase der Airliftkultivierung, und die letzten schließlich nach 21-tägiger Kultivierung zur Durchführung der OCT-Messungen entnommen. Die Hautmodellproben wurden in Inserts einer versiegelten 24-Well-Platte angeliefert und in dieser Konfiguration auch untersucht. Im Gegensatz zu den verhältnismäßig unkritischeren Kollagengelen, war es bei den Hautmodellproben notwendig dafür Sorge zu tragen, dass die OCT-Messungen nach Öffnung der Versiegelung möglichst schnell durchgeführt wurden, da die Zellen außerhalb der Brutschrankumgebung und ohne kontinuierlicher Zugabe von Nährmedium bereits innerhalb kürzester Zeit abstarben bzw. austrockneten. In Abbildung 5.12 ist eine Probengruppe dargestellt, wie sie zu Beginn der Messreihen vorlagen. Hierbei handelte es sich um Proben von drei zeitgleich kultivierten Chargen, die aus Zellen jeweils unterschiedlicher Spender kultiviert wurden.

An jeder Probe wurden mehrere B-Scans aufgenommen, die analog zu den Messungen an den Kollagengelen eine laterale Auflösung von 1000 A-Scans sowie einen Messbereich von 2 mm aufwiesen. Sämtliche Messungen wurden wieder an unterschiedlichen Stellen im mittleren Bereich der Inserts aufgenommen. Um die aufgenommenen OCT-Bilder mit der tatsächlichen in-

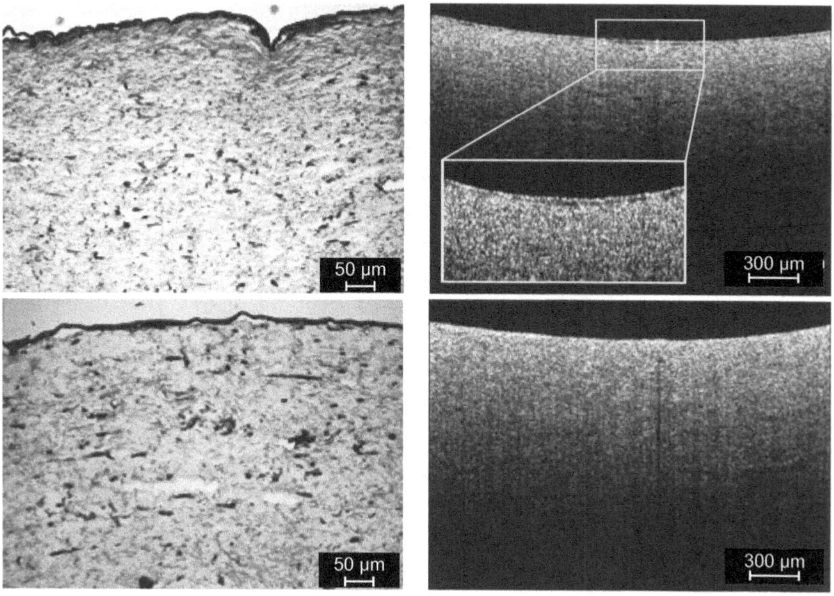

Abbildung 5.13: Vergleich der OCT-Aufnahmen mit der Histologie anhand zweier Beispiele (5. Charge; oben: nach 7 Tagen Kultivierung; unten: nach 21 Tagen. Im oberen, rechten Bild ist in der Vergrößerung die Schichtstruktur schwach erkennbar.

neren Struktur der Proben vergleichen zu können, wurden die Proben nach den Messungen zur Erstellung histologischer Schnittbilder an das Fraunhofer IGB zurück gesandt. Dazu wurden die Hautmodelle vor dem Versand in HistoFix, einer Formaldehyd-ähnlichen Fixierlösung zur Konservierung biologischer Präparate, eingebettet. Die fixierten Hautmodelle wurden schließlich am IGB in dünne Scheiben geschnitten, eingefärbt und mikroskopisch dokumentiert. Es muss an dieser Stelle aber betont werden, dass es im Rahmen der Histologien nicht möglich war, die exakte Position der OCT-Messungen zu replizieren. Insofern sind die Gegenüberstellungen von Histologie und OCT-B-Scan nicht als 1:1-Vergleich zu betrachten. Vielmehr steht hier der qualitative Vergleich der inneren Strukturen im Vordergrund. Aufgrund der Fülle an aufgenommenen Messdaten werden im Folgenden die Ergebnissen anhand repräsentativer Beispiele präsentiert und näher erläutert.

In Abbildung 5.13 ist ein erster Vergleich der Histologien mit den korrespondierenden OCT-Aufnahmen dargestellt. Die Histologien der Proben zeigten durchgehend eine homogene Der-

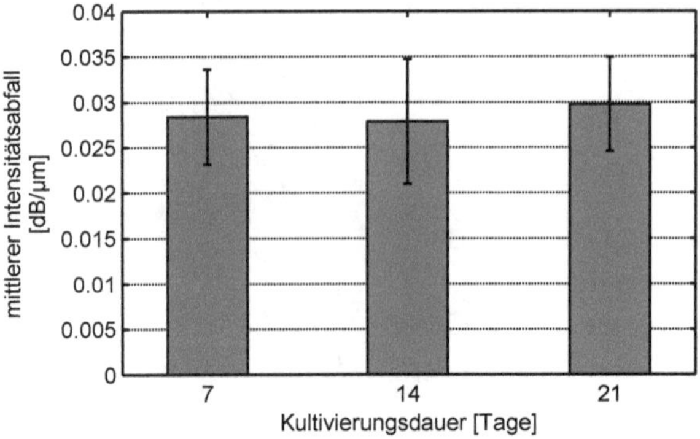

Abbildung 5.14: Intensitätsabfall des A-Scan-Signals in Abhängigkeit von der Kultivierungsdauer der Hautmodelle. Aufgrund der hohen Messwertstreuungen sind Korrelationen zwischen den OCT-Daten und den Materialeigenschaften nicht zu erkennen.

misschicht, an deren oberen Grenzfläche eine dünne Keratinozytenschicht mit Dicken im Bereich 5-50 µm anliegt. Da die axiale Auflösung des OCT-Systems ungefähr 3,1 µm beträgt, liegen diese Schichtdicken im unteren Bereich der auflösbaren Strukturen des Systems. Dementsprechend kann diese Schicht in den meisten OCT-Aufnahmen lediglich erahnt werden. Zur realitätsgetreuen Nachahmung natürlicher Haut sollte jedoch eine klar definierte, dreischichtige Struktur mit Dicken im Bereich von 100 µm vorliegen. Insofern entsprachen diese Proben nicht den Sollvorgaben. Die erreichbaren Eindringtiefen der OCT-Bildgebung in den Hautmodellen lagen dabei im Bereich von 700-1000 µm und waren somit etwas höher als im Falle der unbesiedelten Kollagengele. Dies kann auf eine höhere Rückstreuung an den zellulären Strukturen im Hautmodell zurück geführt werden.

Um die optischen Eigenschaften der untersuchten Proben zu quantifizieren, wurden analog zum Vorgehen im vorherigen Abschnitt die B-Scans hinsichtlich des Intensitätsabfalls im A-Scan untersucht. Wieder wurden hier Ausgleichsgeraden in den Bereich des linearen Abfalls der A-Scans gelegt, um ein Maß für den Abschwächungskoeffizienten erhalten. Diese Vorgehensweise könnte im Rahmen einer späteren Automatisierung relevante Informationen hinsichtlich der Besiedlungsdichte der Hautmodelle liefern. Diese Auswertung zeigte, dass, obwohl dieses Verfahren bei B-Scans an unterschiedlichen Messstellen des selben Hautmodells reproduzierbare Ergebnisse liefert, starke Variationen von Probe zu Probe auftreten. Innerhalb einer Charge traten in Einzelfällen Schwankungen von bis zu 30% in den ermittelten Materialparametern auf.

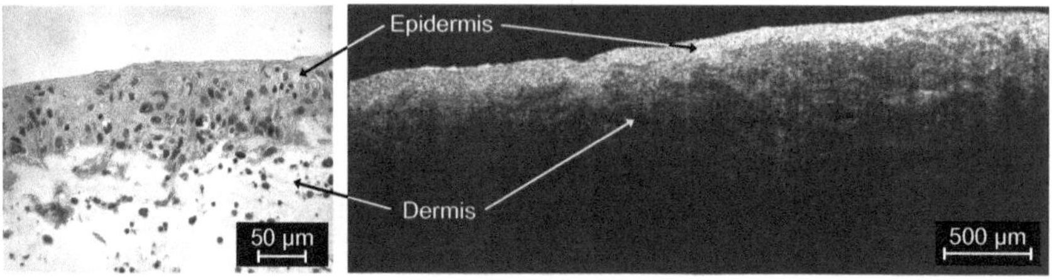

Abbildung 5.15: Histologie und OCT-Bild eines Hautmodells, das auf einer Insertmembran mit 8 µm Porendurchmesser kultiviert wurde. Die Schichtstruktur ist wesentlich stärker ausgeprägt, sodass Dermis und Epidermis identifiziert werden können.

Dieses Verhalten wird in Abbildung 5.14 verdeutlicht, die den Intensitätsabfall in Abhängigkeit von der Kultivierungsdauer zeigt. Dabei wurden sämtliche Auswertungsergebnisse aller Proben nach der Kultivierungsdauer gruppiert und gemittelt bzw. deren Standardabweichung berechnet. Aufgrund der hohen Streuungen ist es nicht möglich, aus diesen Daten einen sinnvollen Zusammenhang zwischen Kultivierungsdauer und den optischen gemessenen optischen Eigenschaften der Proben herzustellen.

Die Gründe für dieses Verhalten könnten beispielsweise Beschädigungen während des Transports sein. Es ist jedoch wahrscheinlicher, dass der manuelle Herstellungsprozess der Hautmodelle sowie Schwankungen in den Eigenschaften der Ausgangsmaterialien (Kollagen, Spenderzellen) eine geringe Reproduzierbarkeit der Hautkonstrukte zur Folge haben. Obwohl aussagekräftigere Messergebnisse an dieser Stelle wünschenswert gewesen wären, so bekräftigt dieses Verhalten umso mehr die Notwendigkeit einer automatisierten und abgesicherten Produktion, um eine gleich bleibende Qualität dieser Tissue Engineering Konstrukte sicherzustellen. Eine nachträglich durchgeführte Untersuchung des Wachstumsprozess zeigte, dass die Hautmodelle während der Kultivierung nicht ausreichend mit Nährstoffen versorgt wurden. Dies wurde auf eine zu geringe Porengröße der Insertmembran zurückgeführt. Anschließende Versuchsreihen wurden mit Inserts der Firma Nunc durchgeführt, die einen um einen Faktor 20 größeren Porendurchmesser von 8 µm aufwiesen. Die so Kultivierten Hautmodelle wiesen ein stärker ausgeprägtes Schichtsystem auf und liessen sich wesentlich besser mit der OCT darstellen (siehe Abb. 5.15). Es war jedoch aus zeitlichen Gründen nicht möglich, diese neuen Proben einer systematischen Untersuchung zu unterziehen, sodass bezüglich der Charakterisierung der Schichten mittels OCT noch konkreter wissenschaftlicher Handlungsbedarf besteht.

Im Laufe dieser Versuche konnten nicht nur die starken Schwankungen in den Materialeigen-

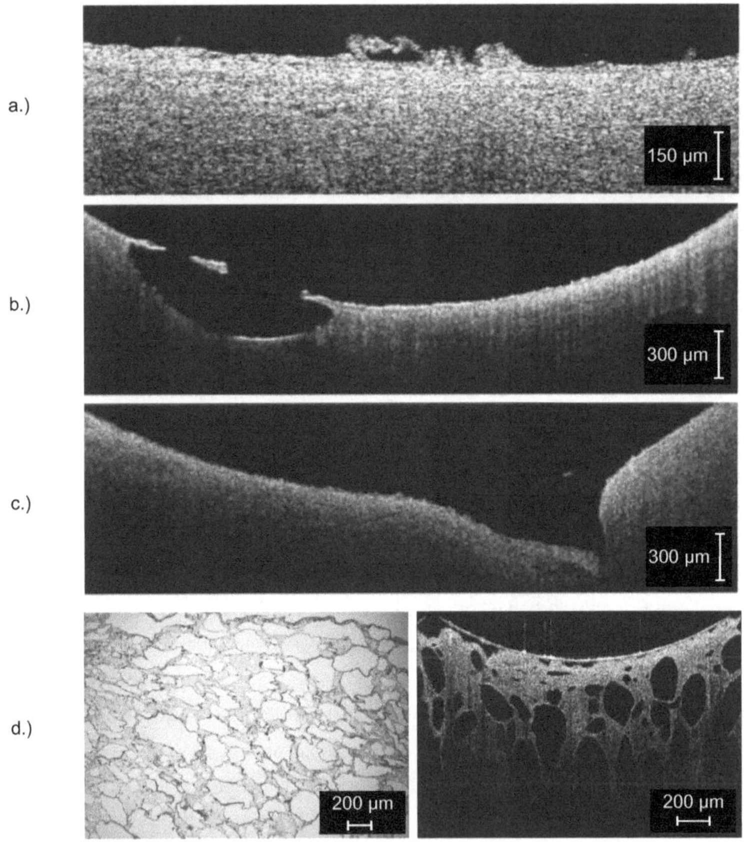

Abbildung 5.16: Defekte in den Untersuchten Hautmodellen. a.) Lokale Störung in der Keratinozytenschicht; b.) Loch in der oberen Hautschicht; c.) Riss in der Probenoberfläche; d.) Stark zersetzte Probe im Vergleich mit der Histologie.

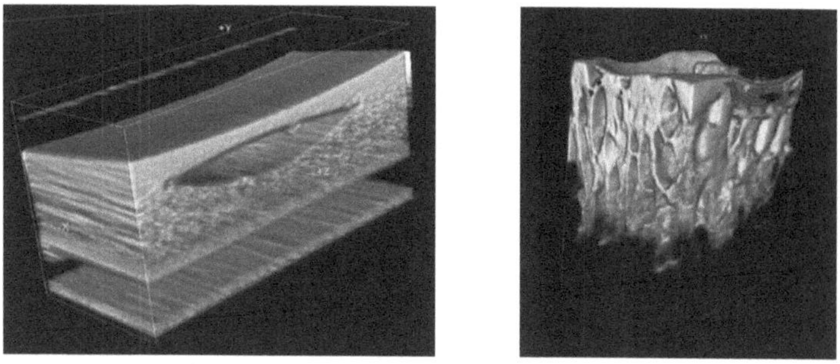

Abbildung 5.17: Dreidimensionale OCT-Messung von Hautmodellen mit erkennbaren Defekten.

schaften festgestellt, sondern auch einzelne Defekte in den Hautmodellen detektiert werden. Einige Beispiele für solche Beschädigungen sind in Abbildung 5.16 exemplarisch dargestellt. Diese reichen von kleineren Schäden auf der Probenoberfläche bis hin zu Lufteinschlüssen oder Rissen in dem Hautmodell. Der Extremfall ist in Abbildung 5.16d dargestellt, der eine stark beschädigte Probe mit einer Vielzahl von Lufteinschlüssen im Vergleich zwischen OCT-Bild und Histologie zeigt. Aber auch andere Effekte, wie etwa das Ablösen der Keratinozytenschicht von der Dermis konnten in der OCT-Darstellung deutlich abgebildet werden. Die beschädigten Bereiche sind ausreichend deutlich ausgeprägt, sodass davon ausgegangen werden kann, dass trotz der verrauschten Natur der OCT-Bilder eine automatisierte Qualitätskontrolle mittels Bildverarbeitungsmethoden realisierbar ist.

Im Rahmen einer einfachen Sichtprüfung wären solche Defekte in der Regel unerkannt geblieben. Auch zerstörende, histologische Stichprobenprüfungen wären zur Detektion dieser Schäden aufgrund der Qualitätsunterschiede von Probe zu Probe nicht verlässlich. Insofern offenbart sich anhand dieser Messungen ein klarer Nutzen der OCT für die Herstellung von Tissue Engineering Produkten. Für eine lückenlose Qualitätssicherung erscheint insbesondere die dreidimensionale Erfassung des gesamten Hautmodells sinnvoll. Dies kann erreicht werden durch das Aufnehmen mehrerer versetzter, paralleler B-Scans, die zu einem volumetrischen Körper kombiniert werden (siehe Abb. 5.17). Herausforderungen hier sind die damit verbundenen längeren Messzeiten sowie die benötigten 3D-Bildverarbeitungsroutinen zur Defekterkennung. Bezüglich der Datenverarbeitung kann aber möglicherweise in der Zukunft auf Vorarbeiten aus dem Bereich der Ultraschallbildgebung oder Röntgentomographie zurückgegriffen werden.

5.4 Zwischenfazit

Im Rahmen dieses Kapitels wurde anhand von Messreihen untersucht, inwiefern die Optische Kohärenztomographie zur Darstellung von künstlichen Hautmodellen geeignet ist. Basierend auf dem in Kapitel 4 erarbeiteten Konzept wurde ein OCT-Messaufbau zu in vitro Analyse von Kollagengelen und Hautmodellen auf Basis der Fourier Domain OCT realisiert und Proben unterschiedlicher Chargen und Wachstumsstadien gemessen. Das Ziel dieser Versuche war es, Aussagen zur Bildgebungsqualität zu liefern, die eine Beantwortung der ersten Forschungsfrage erlauben. Diese lautete:

- Eignet sich die OCT zur Prüfung von künstlichen Hautmodellen?
  - Können aus OCT-Messdaten von Hautmodellen qualitätsrelevante Aussagen extrahiert werden?
  - Was sind die erreichbaren Leistungsdaten der Bildgebung?

Die Untersuchungen haben gezeigt, dass eine zerstörungsfreie Qualitätsprüfung von künstlichen Hautmodellen mittels OCT möglich ist. Eine Vielzahl von strukturellen Schäden konnten im Rahmen der Messreihen an den Proben identifiziert werden. Diese reichten von Einschlüssen und Inhomogenitäten im Probenmaterial bis hin zu Rissen und Ablösungen der Epidermisschicht. Diese Defekte waren mit dem bloßem Auge nicht erkennbar gewesen und wären erst im Rahmen einer zerstörenden Histologie detektiert worden. In der OCT-Darstellung waren diese Schäden deutlich von dem homogenen Grundmaterial zu unterscheiden, sodass eine automatisierte Defekterkennung mittels Bildverarbeitung realistisch erscheint.

Zur Auswertung der Messdaten wurde ein einfaches Verfahren zur Bestimmung der optischen Materialparameter angewandt, um weitere, quantitative Qualitätskriterien aus den OCT-Bildern extrahieren zu können. Bei der Untersuchung der unbesiedelten Kollagengele war es zwar möglich, aus den ermittelten Werten Rückschlüsse auf die Materialbeschaffenheit der Proben zu ziehen, jedoch zeigte das Vorgehen bei der Applikation auf die B-Scans der Hautmodelle kein zufrieden stellendes Verhalten. Die Materialeigenschaften der Hautmodellproben schwanken sehr stark, selbst innerhalb einer Charge, sodass keine Korrelationen zwischen den optischen Eigenschaften und beispielsweise der Besiedlungsdichte bzw. dem Alter der Hautproben aufgestellt werden konnten. Ebenso können allgemeine Aussagen zur Darstellbarkeit der Schichtstruktur der Hautmodelle nur eingeschränkt getroffen werden. Nur in Einzelfällen war in den OCT-Bildern der Proben eine dünne Epidermisschicht erkennbar. Diese Tatsache wurde auf eine unzureichende Nährmittelversorgung der Hautmodelle zurück geführt, bedingt durch eine zu geringe Durchlässigkeit der Insertmembran, auf der die Proben kultiviert wurden. Anschließende Versuche mit einer poröseren Membran zeigten eine deutliche Verbesserung der Schichtstruktur, konnten aber im Rahmen dieser Arbeit nicht weiter vertieft werden.

Mit dem hier verwendeten Messaufbau ließen sich OCT-B-Scans mit einer Eindringtiefe von 0,65 bis 0,8 mm für unbesiedelte Kollagengelproben und 0,7 bis 1,0 mm für Hautmodelle erzeugen. Die maximale Signalamplitude lag dabei etwa bei 15-20 dB über dem Grundsignal. Diese Kennwerte sind ausreichend zur Darstellung der relevanten, oberen Bereiche des Hautmodells sowie zur Erkennung von Defekten, die einen potenziellen negativen Einfluss auf die Funktion der Produkte hätten.

Zusammenfassend lässt sich hieraus folgern, dass sich die OCT zur Prüfung künstlicher Hautmodelle eignet. Insbesondere die zerstörungsfreie Erkennung von Defekten war bis zu einer Messtiefe von 0,6-1,0 mm möglich, weswegen die OCT einen erheblichen Nutzen gegenüber konventionellen Verfahren wie der Histologie bietet. Inwieweit Materialparameter besiedelter Hautmodelle und vorhandene Defekte mittels Bildverarbeitungsalgorithmen automatisiert ermittelt werden können, muss in zukünftigen Arbeiten untersucht werden.

Kapitel 6

Untersuchung der faseroptischen Messsonde

Nachdem die grundsätzliche Eignung der OCT zur Prozesskontrolle im Tissue Engineering festgestellt wurde, muss nun die entsprechende Technologie zur deren Applikation während der Kultivierung im Brutschrank betrachtet werden. In Kapitel 4 wurde ein proximal scannendes Messsystem bestehend aus einem Faseradressierer und einer faseroptischen Messsonde zur prozessintegrierten Prüfung von künstlichen Hautmodellen abgeleitet. Dieses Konzept wird nun im Experiment näher untersucht. Zu Beginn wird der Laboraufbau beschrieben, der für diesen Zweck zum Einsatz kam. Dabei werden die einzelnen Komponenten gemäß der Vorgaben des Systemkonzepts spezifiziert und ausgelegt. Danach erfolgt eine Beschreibung der zum Einsatz kommenden Messsoftware und der damit verbundenen Kalibrierabläufe. Abschließend werden die die Kennwerte des Systems im Rahmen von Messreihen untersucht und die Ergebnisse präsentiert.

6.1 Der Laboraufbau

Der für die Untersuchungen verwendete Aufbau ist ähnlich dem des voran gegangenen Kapitels. Jedoch wurde nun der Scanaufbau durch den proximalen Faseradressierer ersetzt. Somit besteht der Laboraufbau aus dem OCT-Gerät, dem Faseradressierer, der Messsonde sowie einem Messrechner, gemäß des in Kapitel 4 beschriebenen Konzepts. Zusätzlich zu den dort aufgeführten Betrachtungen besteht das Messsystem weiterhin aus einer Kalibrierstation, mit dem die Fasersuche und -zuordnung durchgeführt werden kann. Der Gesamtaufbau ist in Abbildung 6.1 skizziert und wird in den folgenden Abschnitten genauer beschrieben.

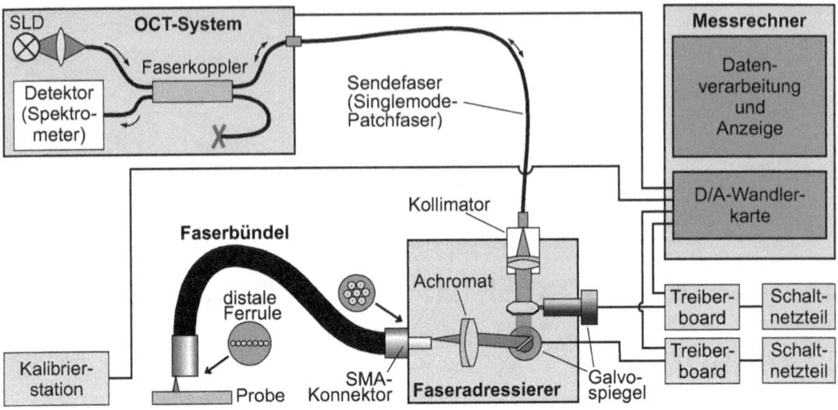

Abbildung 6.1: Schematischer Aufbau des proximal scannenden OCT-Systems.

6.1.1 OCT-System

Das für die Untersuchungen eingesetzte OCT-Gerät entspricht dem in Kapitel 5 beschriebenen System. Dieses FD-OCT-System verfügt über einen axialen Messbereich von 1,6 mm und einer Auflösung von 3,1 µm. Die darin enthaltene Lichtquelle ist eine Superlumineszenzdiode mit einer Zentralwellenlänge von 930 nm, einer spektralen Breite von 100 nm (FWHM) und einer Ausgangsleistung von 3 mW. Für eine nähere Beschreibung der Komponenten des OCT-Geräts sei auf Kapitel 5.1 verwiesen.

6.1.2 Messsonde

Die verwendete Messsonde ist ein Bündel aus Singlemodefasern mit einem Kerndurchmesser von 5 µm. Um eine möglichst hohe laterale Auflösung zu erreichen, ist ein geringer Manteldurchmesser wünschenswert, sodass die Fasern im distalen Ende so dicht wie möglich gepackt werden können. Aus diesem Grund wurden Spezialfasern angefertigt, die einen Außendurchmesser von 40 µm besitzen, bei einer NA von 0,11. Um die laterale Auflösung weiter zu steigern, sind die Fasern im distalen Ende der Messsonde als versetzte Doppelzeile ausgelegt.

Um die Funktion des proximal scannenden OCT-System zu untersuchen, wurden Sondenprototypen mit 100 Fasern hergestellt, die einen lateralen Messbereich von 2 mm ermöglichen. Obwohl für die spätere praktische Umsetzung als kommerzielles Messsystem einer höhere An-

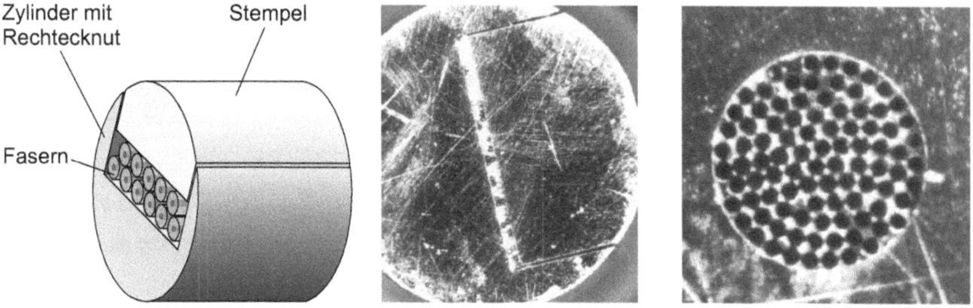

Abbildung 6.2: Darstellung der distalen und proximalen Sondenenden. Links: Skizze der distalen Ferrule. Die Fasern werden in die Rechtecknut eingelegt und mit dem Stempel fixiert. Mitte: Foto der distalen Faserzeile. Rechts: Foto des proximalen Sondenendes.

zahl von Fasern und damit eine höhere laterale Auflösung gewünscht ist, sind 100 Fasern vorerst ausreichend, um die Funktion des Aufbaus zu untersuchen. Um eine schnelle Montage der Faserzeile vornehmen zu können, wurde eine Ferrule für das distale Ende realisiert, die eine zylindrische Form mit einem Durchmesser von 3 mm besitzt und aus zwei Hälften besteht. Eine Hälfte besitzt eine mittels Präzisionsfräsen gefertigte Rechtecknut mit einer Breite von 2 mm, so dass diese genau zwei Reihen aus jeweils 50 Fasern mit einem Manteldurchmesser von 40 μm aufnehmen kann. Die zweite Hälfte der Ferrule fungiert als Stempel, der die Fasern fixiert. Nach dem Einlegen der Fasern und Montage der Ferrule werden diese verklebt und die Endfläche poliert (siehe Abbildung 6.2).

Das proximale Ende hingegen weist eine hexagonale, dichte Packung der Einzelfasern auf. Die Gründe dafür waren einerseits die einfachere Montage und andererseits die Tatsache, dass eine dichtere Packung zu einem kleineren Bildfeld im Adressierer führt, und damit Abbildungsfehler in den Randbereichen minimiert werden. Eingefügt werden die Fasern am proximalen Ende in einen Standard-SMA-Konnektor, dessen Ferrule auf das erforderliche Maß von 600 μm aufgebohrt wurde.

6.1.3 Faseradressierer

Der Faseradressierer dient dazu, das vom OCT-Gerät kommende Licht selektiv in die Kerne der Singlemodefasern der Messsonde einzukoppeln. Um Lichtverluste zu minimieren und eine hohe Einkoppeleffizienz zu erreichen, müssen die Komponenten des Faseradressierers gut aufeinander abgestimmt sein. Dies betrifft insbesondere die Galvanometerscanspiegel sowie die zur

Kollimation und Fokussierung verwendeten optischen Komponenten.

Zur Gewährleistung einer hohen Scanrate muss die bewegte Masse der Scanspiegel so gering wie möglich gehalten werden. Aus diesem Grund wurde das Modell 6210H von der Firma Cambridge Technology gewählt, das die kleinstmögliche Spiegelgröße von 5 mm aufweist. In der Nullstellung ist der Spiegel um 45° zum Lichtstrahl verkippt, sodass sich in der Projektion eine maximale Nutzbreite von etwa 3 mm ergibt. Die Galvospiegel weisen einen maximalen Verstellwinkel von 40°, eine Wiederholgenauigkeit vom 8 µrad und einer Small Angle Step Response Time von 300 µs auf. Diese gibt die mittlere Einschwingzeit an, die bei kleinen Positionierschritten benötigt wird, um den Zielpunkt innerhalb der spezifizierten Genauigkeit zu erreichen. Aus dieser Größe lässt sich ableiten, dass theoretisch Messungen mit bis zu 3 kHz (Bildpunkte) realisierbar sind. Für die Beschichtung der Spiegelflächen wurde eine Silberschicht gewählt, da diese im Gegensatz zu den üblichen dielektrischen Schichten eine höhere Reflektivität im Nahinfraroten aufweist.

Da das Licht, das von der Ausgangsfaser des OCT-Geräts in den Adressierer geleitet wird, in einem Strahlkegel entsprechend der NA abgestrahlt wird, muss dieses kollimiert werden, ehe es auf die Spiegel gelenkt wird. Dabei muss der kollimierte Strahldurchmesser kleiner als der nutzbare Querschnitt der Galvanometerspiegel sein, um den Lichtstrahl vollständig umzulenken. Hierfür wurde ein Faserkollimator der Firma Schäfter+Kirchhoff verwendet (60FC-4-M12-10), der eine Brennweite von f = 12 mm und eine numerische Apertur von NA = 0,23 besitzt. Als Anschluss wurde ein FC/APC Stecker gewählt, dessen Ferrule um 8° gewinkelt ist, um unerwünschte Reflexionen an den Koppelstellen zu minimieren.

Die Faser, welche OCT-Gerät und Faseradressierer verbindet, ist ein Standard-Singlemode-Patchkabel der Marke Corning Pure Mode HI 780 mit einem Kerndurchmesser von 5 µm und einer NA von 0,14. Damit ergeben sich bei mit gewählten Kollimator folgende Werte für Strahldurchmesser und Divergenz:

$$\text{Strahldurchmesser} \qquad D_{Strahl} = f \cdot NA_{Faser} \cdot 1,64 = 2,87mm \tag{6.1}$$

$$\text{Strahldivergenz} \qquad \Theta_{Strahl} = \frac{2 \cdot \lambda}{\pi \cdot D_{Strahl}} = 0,206\, mrad = 0,0118^{o} \tag{6.2}$$

Die Größe der Galvanometerscanspiegel ist somit ausreichend, um den Strahl vollständig und ohne Abschattungseffekte umzulenken. Weiterhin ist ersichtlich, dass sich die Strahldivergenz innerhalb akzeptabler Grenzen bewegt. Bei einer angenommenen optischen Weglänge von

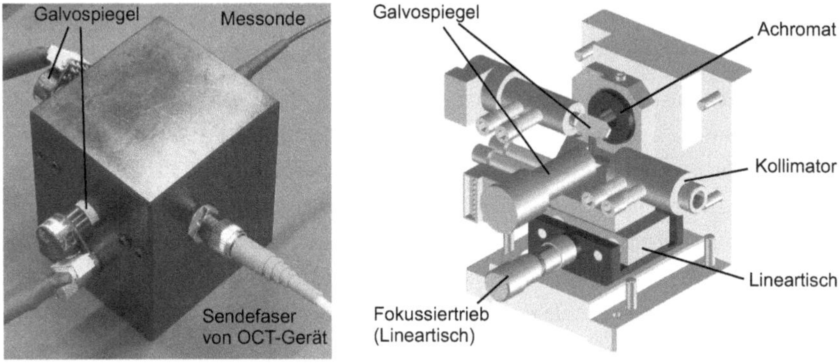

Abbildung 6.3: Darstellungen des Galvoscanneraufbaus des Faseradressierers. Links: Außenansicht des Scanaufbaus. Rechts: Das Innenleben des Scannerwürfels.

50 mm im Faseradressierer ergibt sich eine Strahlaufweitung von 0,01 mm und kann damit aus praktischen Gesichtspunkten als verschwindend gering betrachtet werden.

Der durch die beiden Spiegel umgelenkte Strahl trifft im weiteren Verlauf auf eine Sammellinse, die das Licht auf die proximale Endfläche der Messsonde fokussiert. Zur Minimierung von chromatische Abberationen bei dem verwendeten breitbandigen Licht wurde ein NIR-Achromat der Firma Edmund (LENS ACH-NIR 6 X 9 NIR-II) mit einem Durchmesser von 6 mm und einer Brennweite von 9 mm ausgewählt. Die kleinen Dimensionen sowie die kurze Brennweite der Linse ergeben sich aus der Tatsache, dass die numerischen Aperturen von Sende- und Empfangsfaser sowie die Optiken vor diesen Fasern auf einander abgestimmt sein müssen. Nur wenn das Verhältnis von NA zu Brennweite an beiden Enden des Strahlengangs den gleichen Wert aufweisen, wird das Licht sowohl auf dem Hin- als auch auf dem Rückweg optimal innerhalb des Akzeptanzkegels der Fasern eingekoppelt. Das Verhältnis von Brennweite zu NA ist auf Seiten des Kollimators $\frac{f}{NA} = 12/0,14 \cong 85$, auf Seiten der Fokussieroptik bei $\frac{f}{NA} = 9/0,11 \cong 82$. Somit ist ein ausreichend gutes Matching der Komponenten gewährleistet.

Die Anordnung der optischen Komponenten ist derart gewählt, dass eine telezentrische Abbildung (senkrechtes Auftreffen des Lichtstrahls auf das Faserbündel für alle Spiegelpositionen) erreicht wird. Dies wird gewährleistet durch eine 2f-Konfiguration, in der die Abstände Spiegel-Fokussierlinse und Fokussierlinse-Messsonde jeweils der Brennweite des Achromats entsprechen. Da in diesem Aufbau zwei Spiegel verwendet wurden, die einen Abstand von einigen Millimetern zu einander aufweisen, wurde die Fokussierlinse so positioniert, dass deren Brennpunkt zwischen beiden Spiegeln liegt. Dadurch ist gewährleistet, dass für beide Positionierrichtungen auch Randstrahlen optimal in die Fasern des Sondenbündels eingekoppelt werden.

Um die optomechanischen Komponenten zu fassen, wurde ein würfelförmiger Aufbau konstruiert, der über definierte Bohrungen zur Aufnahme von Kollimator und Galvanometerspiegel verfügt. Eine 3D-Ansicht sowie ein Foto des fertig montierten Würfels ist in Abbildung 6.3 dargestellt. Die Komponenten wurden in die entsprechenden Bohrungen eingeführt und mittels Kunststoffstiften und Madenschrauben fixiert. Der so eingespannte Kollimator diente so gleichzeitig als Konnektor für die OCT-Sendefaser. Als Anschluss für die Messsonde wurde ein SMA-Koppler gegenüber der Fokussierlinse platziert. Diese Linse wurde wiederum auf einen Lineartisch montiert, um ein Fokussieren des Lichtstrahls auf die proximale Sondenendfläche zu erleichtern.

Beide Galvanometerscanspiegel werden jeweils über ein Treiberboard angesteuert, das die Spannungstransformation und Positionionsregelung vornimmt. Diese verfügen über zwei Anschlüsse, um einerseits Schaltnetzteile für die Stromversorgung anzuschließen, andererseits um die Treiber über eine Signalleitung mit eine D/A-Wandlerkarte zu verbinden. Durch Aufschalten eines ± 10 V Signals an den Treibereingang kann der Galvanometerspiegel auf diese Weise definiert verkippt werden.

6.1.4 Kalibrierstation

Um die Positionen der Faserkerne am proximalen Ende sowie deren Zuordnung zum distalen Ende zu automatisiert bestimmen zu können, wurde eine Kalibrierstation aufgebaut, die aus zwei Einzelmodulen besteht (siehe Abb. 6.4). Das erste Modul dient zur Faserkernsuche und besteht aus einer Koppelstelle zur definierten Positionierung des distalen Sondenendes sowie einer Photodiode, die gegenüber dieser Koppelstelle angebracht ist. Die Photodiode wird durch eine Betriebsspannung versorgt und kann über eine D/A-Wandler-Karte im Rechner ausgelesen werden. Bei angeschlossener Sonde gibt die Photodiode so ein Signal aus, wenn im Faseradressierer Licht in einen der Faserkerne eingekoppelt wird und so durch die Sonde zum Kalibriermodul gelangt. Im Vorfeld wurden auch Untersuchungen durchgeführt, inwiefern auf dieses Kalibriermodul verzichtet werden kann, zum Beispiel durch Analyse des am proximalen Ende zurück gestreuten Lichts im OCT-Gerät. Diese Verfahren zeigten aber nur geringen Kontrast zwischen Faserkern und Mantel, sodass die Kalibrierung mittels Photodiode für das weitere Vorgehen gewählt wurde.

Das zweite Modul der Kalibrierstation beinhaltet einen Stufenspiegel mit einer Fläche von 3 mm x 3 mm, der aus 100 Stufen mit einer Breite von jeweils 30 µm und einer Höhe von 10 µm besteht.

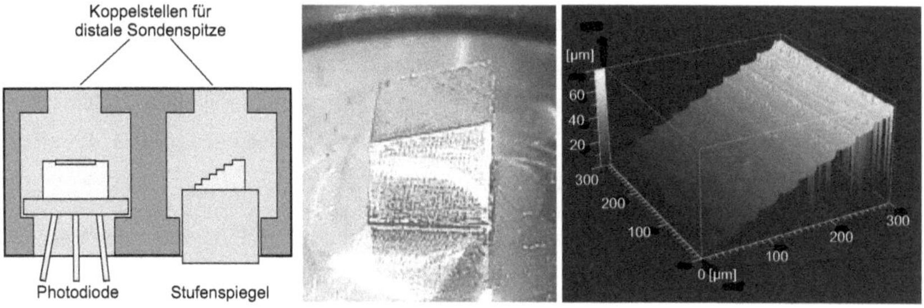

Abbildung 6.4: Links: Skizze der Kalibrierstation. Mitte: Foto des Stufenspiegels. Rechts: Ausschnitt aus der Oberfläche des Stufenspiegels, gemessen mit einem konfokalen Laserscanningmikroskop.

Dieser wurde mittels Mikrofräsen aus Neusilber gearbeitet und auf einem Träger in dem Kalibriermodul montiert. Wird das distale, lineare Faserarray senkrecht zur Stufenrichtung vor dem Spiegel positioniert, kann durch Auslesen einzelner Fasern deren Position im distalen Ende bestimmt werden. Dabei wird ein A-Scan aufgenommen und die Position des Oberflächenreflexes im A-Scan (also der Abstand der Faser zum Stufenspiegel) bestimmt.

6.2 Steuerungssoftware

6.2.1 Softwarestruktur

Zur Ansteuerung der optoelektronischen Komponenten des Laboraufbaus wurde eine Software mittels der Programmieroberfläche LabView erstellt. Die Steuerungssoftware besteht aus einem Hauptprogramm mit einer grafischen Benutzeroberfläche, die auf drei zentrale Module zurück greift:

- OCT-Modul
- Kalibriermodul
- Scanmodul

Das OCT-Modul bildet den Kern der Software und dient der Generierung von A-Scans. Andere Softwarekomponenten können von diesem Modul einen A-Scan anfordern, woraufhin das OCT-

Modul das Detektorspektrometer ausliest, die ausgelesen Daten verarbeitet und fouriertransformiert und den so errechneten A-Scan als Ausgabevektor zurück gibt. Demnach unterscheidet sich das OCT-Modul nur insofern von der in Kapitel 5 verwendeten Messsoftware, als dass die B-Scan-Funktion hier über das Scanmodul abgedeckt wird. Auf eine detaillierte Beschreibung der Funktion dieses Modul wird daher an dieser Stelle verzichtet.

Im Kalibriermodul sind die Funktionen zusammen gefasst, die zum Einmessen der Messsonde benötigt werden. Dies sind insbesondere Routinen zur Suche der Faserkernpositionen im proximalen Ende sowie zur Zuordnung der Faserpositionen im distalen und proximalen Ende. Im Scanmodul werden schließlich die bei der Kalibrierung gewonnenen Informationen verwendet, um die Einzelfasern definiert anzufahren und aus den ausgelesenen A-Scans einen B-Scan zu generieren. In den folgenden Abschnitten wird der Ablauf bei Kalibrierung und Messung im Detail erläutert.

6.2.2 Kalibrierung

6.2.2.1 Bestimmung der Faserpositionen

Im ersten Kalibrierschritt werden die Positionen der Faserkerne im proximalen Ende ermittelt, um diese später durch das Scanmodul definiert anfahren und auslesen zu können. Dabei wird die Messsonde an den Faseradressierer angeschlossen und das distale Ende an der Kalibrierstation vor der Photodiode positioniert. Zum Auffinden der Faserkernpositionen wird das Bildfeld des Faseradressierers rasterförmig abgescannt und an jeder Stelle das Signal an der Photodiode ausgelesen. Auf diese Weise entsteht eine Wertematrix, die hinsichtlich lokaler Maxima analysiert werden kann. In der Messsoftware kann der abzuscannende Bildbereich sowie die Auflösung des Rasters festgelegt werden. Aus diesen Vorgaben generiert die Software ein Messprogramm, das die Koordinaten aller anzufahrender Rasterpunkte enthält, und übergibt dieses (nach Konversion in Galvospannungen) an den Datenpuffer der D/A-Wandlerkarte. Da dieser Datenpuffer über Speicherplatz für maximal ca. 150 x 150 Positionen verfügte, war es nicht möglich, das gesamte proximale Sondenende mit hoher Genauigkeit in einem Messvorgang zu scannen. So beträgt etwa bei einem Faserbündeldurchmesser von 600 µm am proximalen Ende das abzuscannende Bildfeld 600 µm x 600 µm und die maximale Auflösung 4 µm. Dies ist nicht ausreichend, um Faserkerne mit einem Durchmesser von 5 µm präzise zu lokalisieren. Es ist denkbar, das Bildfeld ausschnittsweise mit hoher Auflösung abzurastern, jedoch hätte dieses Vorgehen sehr lange Messzeiten und eine große auszuwertende Datenmenge zur Folge. Aus

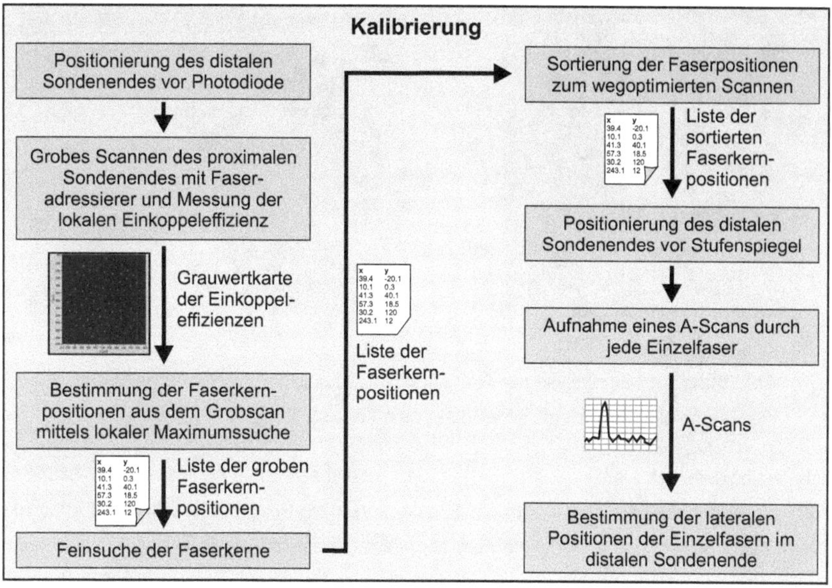

Abbildung 6.5: Ablauf bei der Kalibrierung des Messsystems. Ergebnis ist eine Liste der proximalen Faserkernpositionen sowie deren Reihenfolge im distalen Sondenende.

diesem Grund wurde ein zweistufiges Vorgehen gewählt, in dem erst ein Grobscan des proximalen Sondenendes durchgeführt wird, der dann durch örtlich begrenzte hochauflösende Scans an den vermuteten Faserpositionen verfeinert wird (siehe auch Abb. 6.5).

Mit den oben genannten Parametern für Bildfeld und Rastergröße des Grobscans ergibt sich eine laterale Auflösung von 4 µm. Stellt man die aufgenommene Wertematrix als Intensitätsmap grafisch dar, so sind die Faserkerne deutlich als Helligkeitspeaks mit einem Durchmesser von wenigen Pixeln bzw. etwa 10 µm zu erkennen (siehe Abb. 6.6). Die Diskrepanz zwischen realen und gemessenen Kerndurchmessern ist dadurch zu erklären, dass die Signalantwort des Messsystems aus einer Faltung der Akzeptanzfunktion des Faserkerns mit der Intensitätsverteilung des Lichtspots entsteht und somit das Bild der Kerne verschmiert erscheint.

Die Messdaten werden nach der Aufnahme mit einem Gaussfilter geglättet, um das Messrauschen zu verringern. Anschließend werden alle Matrixwerte, die unterhalb eines Schwellwerts liegen auf Null gesetzt, um zu verhindern, dass später lokale Maxima im Messrauschen fälsch-

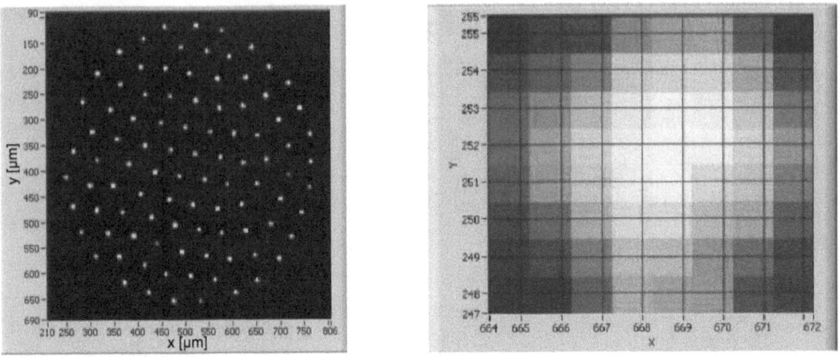

Abbildung 6.6: Ergebnisse der Grobsuche (links) und der Feinsuche (rechts). Die Faserkerne sind deutlich als helle Peaks zu erkennen.

licherweise detektiert werden. Zur eigentlichen Fasersuche wird ein Algorithmus zur Suche lokaler Maxima verwendet. Dabei wird ein Fenster von n x n Pixel Größe zeilenweise über die Wertematrix bewegt und an jeder Position abgefragt, ob der mittlere Pixel des Bildausschnitts gleichzeitig der hellste Pixel des Fensters ist. Trifft diese Bedingung zu, wird diese Position als grobe Faserkernposition gespeichert. Die Größe dieses Fensters muss so gewählt sein, dass er einerseits groß genug ist, um einen Peak komplett zu enthalten, andererseits muss er so klein sein, dass nur ein Peak gleichzeitig im Fenster erfasst wird. Im Falle einer Rasterauflösung von 4 µm zeigten sich Fenster mit einer Größe von 7x7 oder 9x9 Werten als praktikabel. Als letzte Maßnahme zur Vermeidung von Auswertefehlern wird bei Auffinden eines lokalen Maximums abgefragt, ob dieser Peak einen definierten Mindestabstand zur bereits gefundenen Peaks aufweist. Auf diese Weise wird vermieden, dass zwei gleich helle Punkte desselben Peaks als getrennte, lokale Maxima identifiziert werden. Das Ergebnis des Grobscans ist schließlich eine Wertetabelle, die x- und y-Positionen der gefundenen Faserkerne enthält.

Die Tabelle der groben Faserpositionen wird im nächsten Schritt an die Feinscan-Routine übergeben. In diesem Programmteil werden die gefundenen Maxima erneut mit einer höheren Auflösung gescannt. Dabei wird ein Bildfeld von 8 µm x 8 µm um die vermutete Faserkernposition aufgespannt und mit einer Schrittweite von 1 µm abgerastert. Aus den aufgenommenen Werten wird der Schwerpunkt der Intensität berechnet, um so sub-Pixel-Genauigkeiten zu erreichen, die höher sind als die eigentliche optische Auflösung des Faseradressierers. Dieser Vorgang wird für jede im Grobscan gefundene Faserposition wiederholt. Abschließend gibt die Feinscanroutine eine Liste mit x- und y-Positionen der Faserkerne als Scanprogramm an das Hauptprogramm

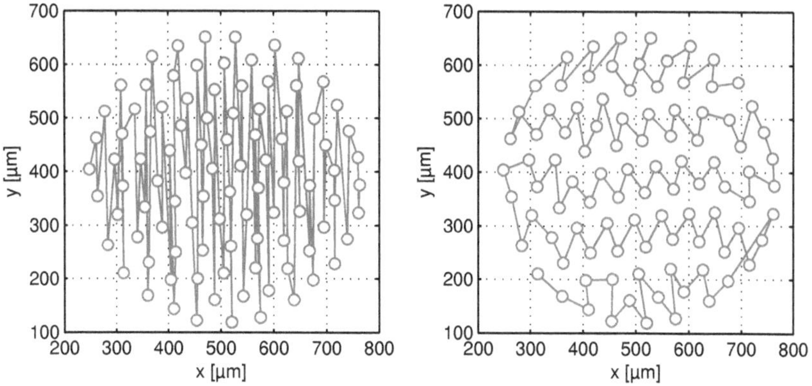

Abbildung 6.7: Vergleich der Scanwege für unsortierte (links) und sortierte (rechts) Faserpositionen.

zurück.

Nach Abschluss der Fasersuche sind nun die Positionen der Faser im proximalen Ende bekannt, jedoch liegen diese in Form einer unsortierten Liste vor, entsprechend der Reihenfolge, in der die Fasern durch den Suchalgorithmus gefunden wurden. Um später ein schnelleres Abfahren des Scanprogramms durch die Galvanometerscanspiegel zu ermöglichen, erscheint es sinnvoll, das Scanprogramm dahin gehend zu optimieren, dass die Verfahrwege zwischen zwei aufeinander folgenden Faserpositionen minimiert werden. Die Liste der Faserkernpositionen wird daher in einem abschließenden Schritt umsortiert, so dass die Faserpositionen auf einem serpentinenförmigen Weg ausgelesen werden (siehe Abb. 6.7).

6.2.2.2 Faserzuordnung

Obwohl nach der Fasersuche die Positionen der Faserkerne im proximalen Sondenende bekannt sind, ist die Aufnahme von B-Scans zu diesem Zeitpunkt noch nicht möglich. Bedingt durch das Montageverfahren zur Herstellung der Sonde besteht keine definierte Zuordnung zwischen der Lage der einzelnen Faser im proximalen Ende und deren lateraler Position im distalen Lineararray. Um diese Information zu erhalten, wird nun der zweite Kalibrierschritt durchgeführt. Dafür wird nun die Sonde vor dem Stufenspiegel in der Kalibrierstation positioniert. Anschließend wird durch den Faseradressierer jede Einzelfaser angefahren und ein A-Scan ausgelesen. Da die Oberfläche des Stufenspiegels die einzige reflektierende Struktur im axialen Messbereich des

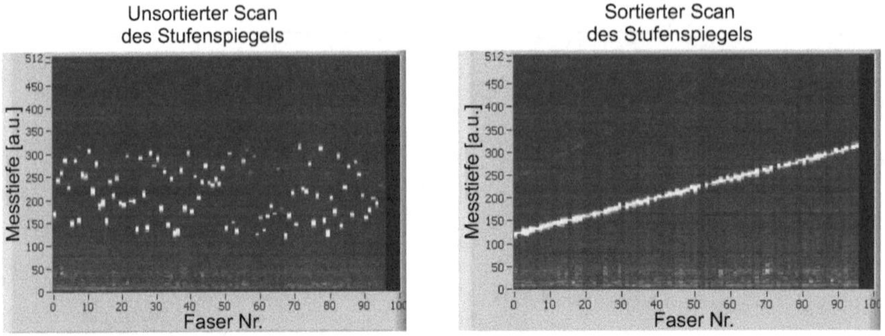

Abbildung 6.8: Ergebnis der Faserzuordnung. Links: Unsortierter B-Scan des Stufenspiegels über die Messsonde. Rechts: B-Scan nach Sortierung der Fasern nach gemessenen Probenabstand.

OCT-Systems ist, interferiert das dort zurück geworfene Licht mit der Referenzwelle von der Faserendfläche und erzeugt so einen deutlichen Peak im A-Scan. Werden die Messdaten sämtlicher Fasern als B-Scan geplottet, entsteht so ein Bild mit zufällig verteilten Lichtpunkten (siehe Abb. 6.8, links).

Da durch die Geometrie des Stufenspiegels die Lage des Peaks in einem A-Scan mit der lateralen Position der entsprechenden Faser korreliert, können diese Messdaten zur Zuordnung der Fasern verwendet werden. Dabei wird zuerst für jede Faser die Lage des Oberflächenreflexes im A-Scan, also der Probenabstand, bestimmt. Anschließend werden die A-Scans nach Probenabstand in absteigender Reihenfolge umsortiert. Werden die so neu geordneten Messdaten wieder als B-Scan grafisch dargestellt entsteht nun ein B-Scan des Stufenspiegels (siehe Abb. 6.8, rechts).

Nach Abschluss dieses Kalibrierschritts ist das Messsystem bereit, B-Scans durch sequenzielles Anfahren der proximalen Fasern aufzunehmen. Die bei der Einmessung der Sonde ermittelten Daten sind für die weitere Nutzung als Messprogramm in Form einer Nx3-Matrix hinterlegt. Dabei entspricht N der Anzahl der (bei der Fasersuche gefundenen) Fasern. In den Matrixspalten sind für jede Faser jeweils x- und y-Position am proximalen Ende sowie ein ganzzahliger Index hinterlegt, der die laterale Position der Faser im distalen Ende darstellt. Obwohl der Kalibrierprozess aus einer Vielzahl von Einzelschritten besteht, ist aufgrund der automatisierten Datenauswertung ein vollständiges Einmessen einer Sonde in einer Zeitspanne von etwa zwei Minuten durchführbar.

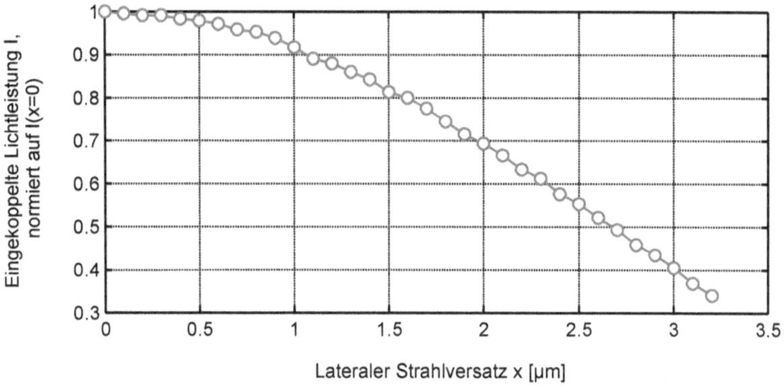

Abbildung 6.9: Abfall der in eine Faser eingekoppelten Lichtleistung bei Dejustage des Faseradressieres.

6.3 Validierung des Aufbaus

Um die Leistungsfähigkeit der einzelnen Softwaremodule sowie des Gesamtsystems beurteilen zu können, wird der Aufbau im Rahmen von Messreihen validiert. Insbesondere muss geprüft werden, inwiefern die einzelnen Kalibrierschritte ein präzises Einmessen der Messsonde erlauben. Weiterhin werden die Kennwerte des Gesamtsystems hinsichtlich Messrate und Bildgebungsqualität analysiert, um einen Vergleich mit den in Kapitel 4 aufgestellten Forderungen anstellen zu können.

6.3.1 Der Kalibriervorgang

Der erste Schritt bei der Kalibrierung des Systems ist die Bestimmung der Faserpositionen im proximalen Sondenende. Die Präzision der Fasersuche bestimmt die Genauigkeit, mit der die Faserkerne bei dem späteren Scannen angefahren werden und muss daher ausreichend hoch sein, um Lichtverluste durch Fehlstellungen des Faseradressierers zu vermeiden. Um festzustellen, welchen Einfluss die Strahlpositionierung auf die Einkoppeleffizienz hat, wurde die an einer distal angebrachten Photodiode ankommende Lichtleistung bei zunehmender Dejustage gemessen. Dabei wurde eine Faser ausgewählt und die Position mit der maximalen Einkoppeleffizienz angefahren. Von diesem Referenzpunkt ausgehend wurde der Lichtstrahl in einer Achse in Schritten von 0,1 µm verschoben und das Signal an der Photodiode aufgenommen (siehe Abb. 6.9).

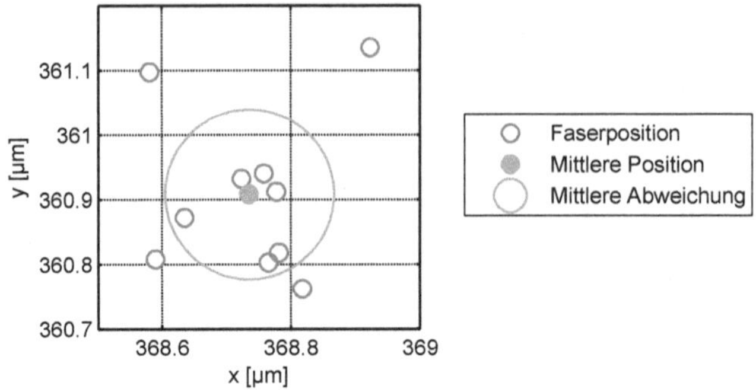

Abbildung 6.10: Ermittelte Faserpositionen für eine definierte Faser bei zehnmaliger Durchführung des Fasersuchealgorithmus.

Die so aufgenommene Messkurve zeigt einen annähernd gaußförmigen Verlauf, wobei die gemessene Lichtleistung in einem Bereich von ± 1 µm um den Mittelpunkt weitgehend konstant ist und daraufhin abfällt. Bei einem lateralen Strahlversatz von 1 µm ist die eingekoppelte Lichtleistung auf ca. 92% abgefallen, während sie bei 2 µm nur noch etwa 70% beträgt. Daraus lässt sich schließen, dass zur Vermeidung nennenswerter Lichtverluste die Fasersuche eine Genauigkeit von weniger als 1 µm aufweisen sollte.

Zur Ermittlung der Messunsicherheit der Fasersuche wurden Wiederholmessungen durchgeführt, da ein kein Referenzmesssystem zur Verfügung stand, das in der Lage gewesen wäre, die tatsächlichen Faserkernpositionen im gesamten Messbereich und mit hoher Genauigkeit zu bestimmen. Dabei wurde der Fasersuchealgorithmus zehn mal durchgeführt und die ermittelten Faserpositionen gespeichert. Für jede Faser wurde die mittlere Faserposition sowie die mittlere Abweichung der Einzelmessungen berechnet. Die Ergebnisse für eine Faser sind in Abbildung 6.10 grafisch dargestellt.

Diese Untersuchung zeigte, dass die mittlere Abweichung der Fasersuche im Schnitt bei 0,31 µm liegt. Dabei sind die Werte der einzelnen Fasern über einen verhältnismäßig großen Bereich gestreut: So beträgt der beste Wert 0,06 µm und der schlechteste Wert 0,53 µm. Die Werte der einzelnen Fasern sind in Abbildung 6.11, links, aufgetragen. Mehrere Mechanismen sind als Grund für diese Streuung denkbar. Es ist beispielsweise denkbar, dass Abweichungen bei der Ausrichtung der optischen Elemente zur Folge haben, dass das Licht nicht im gesamten Bildbereich gleichmäßig gut fokussiert wird. Um diesen Sachverhalt näher zu betrachten wur-

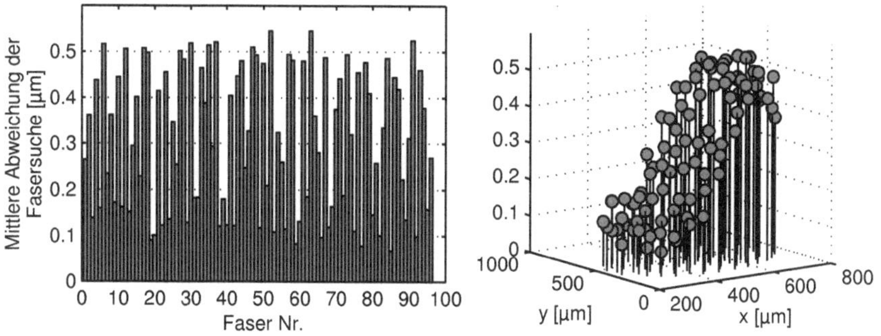

Abbildung 6.11: Mittlere Abweichung der Faserpositionen bei 10 Messungen. Links: Aufschlüsselung nach Faser. Rechts: Die Werte der Einzelfasern in Abhängigkeit von deren Position im proximalen Sondenende.

den die Ergebnisse der Wiederholmessungen gegenüber der Position der einzelnen Fasern im proximalen Sondenende geplottet (siehe Abb. 6.11, rechts). Dabei zeigt sich eine deutliche geometrische Asymmetrie in der Reproduzierbarkeit der Fasersuche. Dies legt die Vermutung nahe, dass Ausrichtefehler tatsächlich für dieses Verhalten verantwortlich sind. Eine weitere Ursache könnte sein, dass eine mangelnde Planarität der Sondenendfläche eine ideale Fokussierung verhindert. Nach mehrmaligen Polieren der Oberfläche zeigte sich aber keine Verbesserung dieses Verhaltens, so dass davon ausgegangen werden muss, dass entweder andere systematische Fehler auf die Fasersuche einwirken, oder dass der Polierprozess bei dieser Aufgaben an seine Grenzen stößt.

Für die OCT-Bildgebung ist in letzter Konsequenz die erreichbare Einkoppeleffizienz von Belang. Daher wurde in einem nächsten Schritt untersucht, wie sich die eingekoppelte Lichtleistung für die einzelnen Fasern verhält. Dafür wurde die am Sondenende ankommende Lichtleistung mittels Photometer gemessen. Dieser Referenzwert betrug 2001,1 µW. Anschließend wurden nach Durchführung der Fasersuche sämtliche Fasern angefahren und die transmittierte Lichtleistung an der Photodiode bestimmt. Dabei zeigte sich, dass im Mittel 555,4 µW an optischer Lichtleistung in die Fasern des Bündels eingekoppelt wird und zur Photodiode gelangt (siehe Abb. 6.12). Die Standardabweichung beträgt bei dieser Messung 231,8 µW, wobei Minimal- und Maximalleistung 130,1 bzw. 1009,3 µW betragen. Die Schwankungen in der Reproduzierbarkeit der Fasersuche scheinen daher eine ähnlich hohe Streuung der Einkoppeleffizienzen zur Folge zu haben. Inwiefern sich dies auf die OCT-Bildgebung auswirkt, wird an anderer Stelle in dieser Arbeit betrachtet. Diese Messreihen wurden an drei unterschiedlichen aber baugleichen Sonden

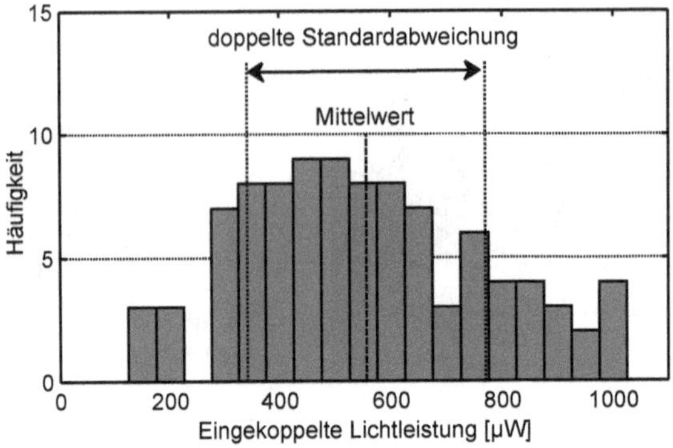

Abbildung 6.12: Häufigkeitsverteilung der Einkoppeleffizienzen der Einzelfasern.

durchgeführt, wobei sich ähnliche Ergebnisse zeigten, wobei an dieser Stelle erwähnt sei, dass durch Ab- und Wiederankopplung der Messsonden kleinere Schwankungen in den Messwerten entstehen.

Zu letzt wurde der Kalibrierschritt der Faserzuordnung untersucht. Dabei wurde die Kalibrierung inklusive Fasersuche und Zuordnung zehn mal durchgeführt und anschließend visuell überprüft, ob die Fasern im distalen Ende bei einem sequenziellen Scan in der korrekten Reihenfolge angefahren werden. Dabei wurden in dieser Messreihe insgesamt 15 Fehlzuordnungen registriert. Bezogen die Gesamtanzahl (Anzahl der Fasern x Anzahl der Messungen) entspricht dies einer Fehlerrate von unter 2% .

6.3.2 Das proximale Scanning

Nachdem der Kalibriervorgang untersucht wurde, wurde das Verhalten der Faseradressierers beim proximalen Scanning, also dem sequenziellen Anfahren der Fasern zwecks Bildgebung, betrachtet. Die dabei erreichbaren Scanraten, also die pro Zeiteinheit ausgelesenen Fasern bzw. A-Scans, bestimmen die B-Scan-Rate des Gesamtsystems. Obwohl die Galvanometerscanspiegel mit einer Step Response Time von 300 µs für kurze Verfahrwege spezifiziert sind, muss untersucht werden, wie sich deren dynamischen Eigenschaften auf größere Positionierschritte übertragen.

Wie in Abschnitt 6.2.2.1 dargelegt, wird das Messprogramm in Anschluss an die Fasersuche hinsichtlich einer optimierten Wegführung umsortiert. Bei einem Beispielfall betrug bei unsortier-

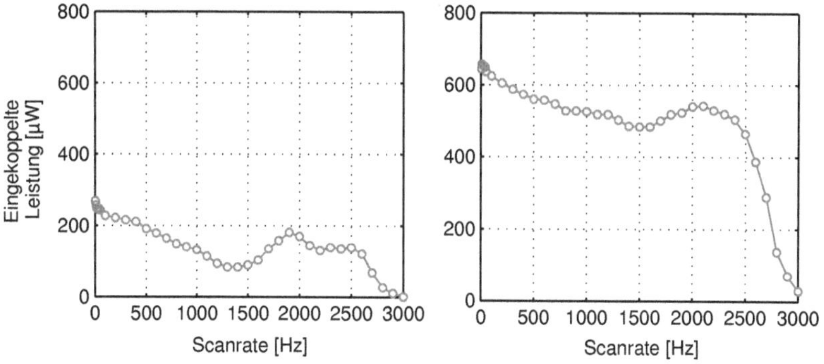

Abbildung 6.13: Mittlere Einkoppeleffizienz in Relation zur Scanrate bei unsortiertem (links) und wegoptimiertem (rechts) Scannen.

tem Messprogramm der mittlere Verfahrweg zwischen zwei Faserpositionen 195 µm, während im wegoptimierten Fall dieser Wert 61 µm betrug. Ob dieses Vorgehen Auswirkungen auf die erreichbaren Scanraten hat, wurde in einer Messreihe untersucht. Dabei wurde in beiden Fällen ein sequenzielles Scanning aller Fasern bei variierender Scanrate durchgeführt. Für jede Scanrate wurde dabei die mittlere eingekoppelte Lichtleistung bestimmt (siehe Abb. 6.13). Dabei zeigte sich, dass selbst bei verhältnismäßig kleinen Scanraten von unter 100 Hz das wegoptimierte Scanprogram eine etwa dreifach höhere Einkoppeleffizienz liefert. Die eingekoppelte mittlere Lichtleistung nimmt im Bereich 0-1500 Hz stetig ab, erreicht bei etwa 2100 Hz ein lokales Maximum, bevor sie schließlich im Bereich von 2500 bis 3000 Hz steil abfällt. Hier sind eindeutig die Grenzen der Zustellgeschwindigkeit der Galvanometerscanspiegel erreicht, so dass in den kurzen Zeitintervallen zwischen zwei Fasern die Spiegel nicht ausreichend schnell zugestellt und am Zielort angehalten werden können.

Der Grund für das Verhalten des Faseradressierers bei 2000 Hz konnte im Rahmen dieser Untersuchungen nicht abschließend festgestellt werden. Es ist denkbar, dass Eigenheiten der Galvanometerregelung hierbei eine Rolle spielten. Die Tatsache, dass der Faseradressierer bei Scanraten von 2000 Hz nur geringe Leistungseinbußen verursacht, legt jedoch den Betrieb bei dieser Messfrequenz für das proximale Scanning nahe. Bei Verwendung einer Messsonde mit 100 Fasern resultiert dies in einer Gesamt-Messfrequenz bzw. B-Scan-Frequenz von 20 Hz, die deutlich über der in Abschnitt 4.2 geforderten Messrate von 10 Hz liegt.

Abschließend wurde die zeitliche Stabilität der Kalibrierung untersucht. Zu diesem Zweck wurde

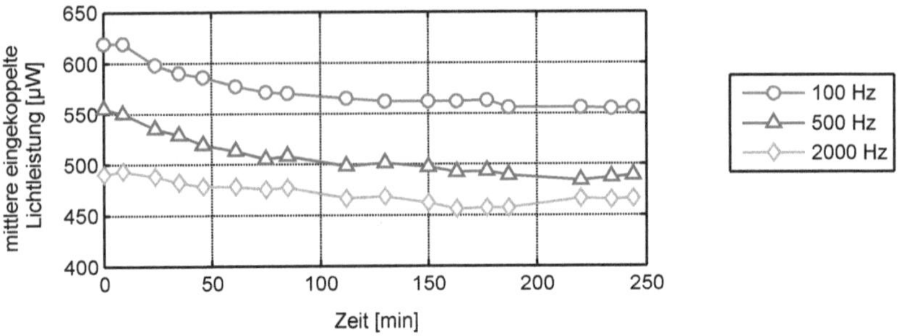

Abbildung 6.14: Langzeitverlauf der Einkoppeleffizienz bei proximalen Scannen mit verschiedenen Scanraten.

die mittlere eingekoppelte Lichtleistung beim proximalen Scanning in Abhängigkeit von der verstrichenen Zeit seit der Kalibrierung gemessen (siehe Abb. 6.14). Über einen Zeitraum von vier Stunden wurden in Intervallen von durchschnittlich 15 Minuten die Einkoppeleffizienzen für Scanraten von 100, 500 und 2000 Hz bestimmt. Die Messreihe zeigt einen Abfall der eingekoppelten Lichtleistung in den ersten 100 Minuten um etwa 10%, bevor die Werte sich schließlich stabilisieren. Nach 4 Stunden betrugen die eingekoppelten Leistung abhängig von der Scanrate noch 90%, 88% bzw. 95% des Anfangswerts. Die Tatsache, dass sich die Messkurven für 100 Hz und 2000 Hz unterschiedlich verhalten, lässt vermuten, dass Variationen im dynamischen Verhalten der Galvanometerspigel auftreten. So ist die thermische Drift der Galvanometer laut Datenblatt mit 30 µrad/°C spezifiziert. In der Nulllage hätte demnach eine Temperaturänderung von 1 °C eine Fehlpositionierung des Lichtstrahls auf dem Sondenende um ca. 0,3 µm zur Folge[1]. Damit wäre dieser Fehler ausreichend hoch, um merkliche Änderungen in der Einkoppeleffizienz hervorzurufen (vgl. Abb. 6.9).

6.4 OCT-Messung

Nachdem im vorangegangenen Abschnitt gezeigt wurde, dass ein sequenzielles Auslesen des Sondenbündels möglich ist, soll nun untersucht werden, inwiefern OCT-Bilder auf diese Weise generiert werden können. Dafür werden nach der Kalibrierung des Faseradressierers unterschiedliche Objekte vor dem distalen Sondenende platziert und ein OCT-B-Scan durchgeführt.

[1] 30 µrad entsprechen 60 µrad optische Ablenkung. Berechnung des Fehlers δx über $\delta x = f \cdot \tan 60\ \mu rad$

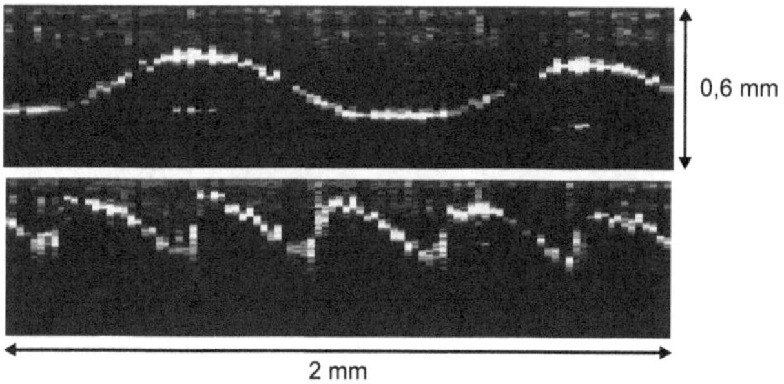

Abbildung 6.15: OCT B-Scans technischer Bauteile, die mit dem entwickelten System erzeugt wurden. Oben: gewellte Metalloberfläche. Unten: Oberflächenstruktur einer Feile.

Als Referenzfläche dient dabei die distale Faserendfläche. Da der axiale Messbereich des OCT-Systems 1,6 mm beträgt, muss der Abstand zwischen Sonde und Messobjekt entsprechend kleiner sein.

In Vorversuchen wurde untersucht, ob die Verwendung einfacher Optiken an der Sondenspitze eine Verbesserung der Bildgebungsqualität bewirkt. Dies könnte unter Verwendung einfacher, sphärischer Optiken nicht erfolgreich umgesetzt werden, da bei der Wiedereinkopplung des von der Probe reflektierten Lichts in achsferne Fasern große Lichtverluste auftraten. Aus diesem Grund wurde die Sonde ohne Vorsatzoptiken betrieben, wobei der Strahl entsprechend der NA der Fasern kegelförmig aus der Sonde austritt.

Als erste Testobjekte wurden metallische Bauteile gewählt, da diese eine hohe Reflektivität aufweisen, und daher gut messbar sein sollten. Auf diese Weise soll geprüft werden, ob eine OCT-Bildgebung mit dem realisierten Aufbau grundsätzlich möglich ist. Dafür wurden zwei Objekte mit einer charakteristischen Oberflächenstruktur gewählt, sodass Bildgebungsfehler (z.B. in der lateralen Zuordnung der Fasern) leicht identifiziert werden können. Die geprüften Oberflächen waren einerseits eine gewellte Metalloberfläche sowie die Oberfläche einer Feile mit einer Sägezahnstuktur (siehe Abb. 6.15). Beide Objekte konnten mit dem proximal scannenden OCT-System zufrieden stellend erfasst werden. Das Oberflächenprofil ist bei beiden Objekten deutlich im B-Scan zu erkennen. Es zeigen sich aber Variationen in der Signalamplitude unterschiedlicher Bildspalten. Dies kann mit Sicherheit auf die unterschiedlichen Einkoppeleffizienzen der einzelnen Fasern des Sondenbündels zurück geführt werden. Wie Abschnitt 6.3.1 gezeigt wurde, variiert die eingekoppelte Lichtleistung der Fasern in einem Bereich zwischen etwa 130 bis 1000 µW. Dies führt zu Schwankungen im gemessenen Interferenzkontrast und damit der

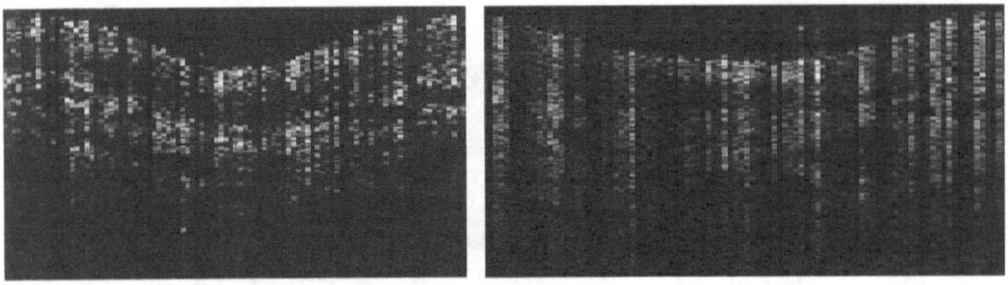

Abbildung 6.16: B-Scans von Mundschleimhaut. Das Bildfeld beträgt für beide OCT-Bilder 2 mm x 0,5 mm.

Signalamplitude im A- bzw. B-Scan.

Ein ähnliches Verhalten zeigte sich bei der Messung von biologischen Proben, jedoch mit stärkeren Auswirkungen auf die Bildgebungsqualität, da hier aufgrund der geringeren Reflektivität kleinere Signalamplituden zu messen sind. Abbildung 6.16 zeigt OCT B-Scans, die mit der Fasersonde in vivo an Mundschleimhaut vorgenommen wurden. Dort ist der Aufbau der Mundschleimhaut in Form von unterschiedlichen Schichten zu erkennen, jedoch leidet die Darstellung stark unter den variierenden Signalamplituden der einzelnen Bildspalten bzw. Fasern. Für Fasern mit einer hohen Einkoppeleffizienz werden Eindringtiefen von bis zu 0,5 mm erreicht, während manche Fasern kaum auswertbare Signale liefern.

Um dieses Verhalten näher zu untersuchen, werden die A-Scans, die durch einzelne Fasern aufgenommen wurden, näher betrachtet. Um annähernd gleiche Bedingungen für alle Messungen herzustellen, wurde ein homogenes, streuendes Material als Probe verwendet. In diesem Fall war dies eine Gummiprobe, die ein für diese Untersuchung günstiges Streuverhalten aufwies. Es wurden drei Fasern ausgewählt mit stark unterschiedlichen Einkoppeleffizienzen (270 µW, 520 µW und 950 µW) und jeweils ein A-Scan der Probe durch die entsprechende Faser aufgenommen. Zum Vergleich wurde mit dem Freistrahl-Scanaufbau aus Kapitel 5 ein A-Scan aufgenommen, wobei hier die an der Probe ankommende Lichtleistung etwa 1 mW betrug und damit in der Größenordnung der lichtstärksten Faser des proximalen Scanaufbaus lag.

Bei Abwesenheit einer Probe zeigen sämtliche A-Scans ein konstantes Grundsignal von ca. 40 dB mit einem Rauschen von etwa 5,5 dB (Standardabweichung). Die Signalamplituden der Probe sollten demnach über 50 dB liegen, um sich sichtbar aus dem Rauschen herauszuheben. Die Ergebnisse dieser Messreihe sind in Abbildung 6.17 dargestellt und zeigen, dass dies nicht für alle Fasern gegeben ist. Für eine Lichtleistung von 270 µW ist ein Signal aus den tieferen Bereichen der Probe nicht messbar. Lediglich der Oberflächenreflex hebt sich mit einer Amplitude

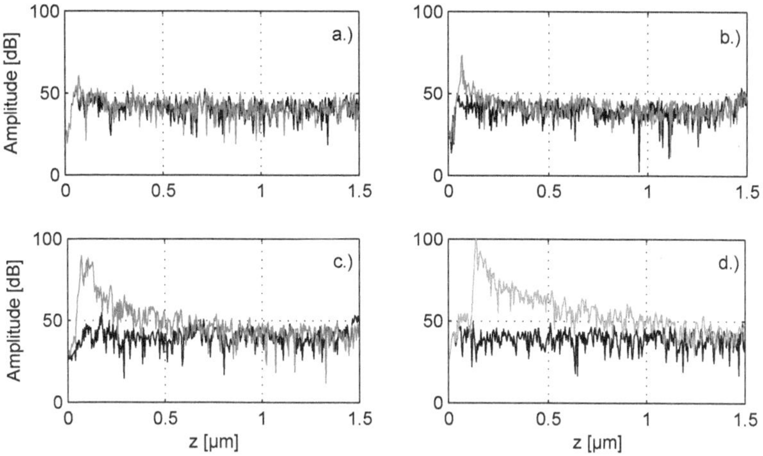

Abbildung 6.17: Vergleich der A-Scans einer Gummiprobe von unterschiedlichen Fasern bzw. Lichtleistungen. Aufgetragen sind jeweils die A-Scans bei vorhandener und nicht vorhandener Probe. a.) 270 µW; b.) 520 µW; c.) 950 µW; d.) Referenzmessung mit Freistrahlaufbau mit 1000 µW Lichtleistung.

von 60,5 dB vom Rauschen ab. Bei 520 µW beträgt die Signalstärke des Grenzflächenreflexes bereits 73,2 dB, jedoch fällt das Signal innerhalb von 0,2 mm bereits so stark ab, dass tiefere Strukturen nicht gemessen werden können. Erst bei einer eingekoppelten Lichtleistung von 950 µW beträgt das Oberflächensignal 89,3 dB und die Eindringtiefe 0,6 mm. Der zum Vergleich mit dem Freistrahlaufbau aufgenommenen A-Scan weist hingegen eine Maximalamplitude von 100,6 dB auf und zeigt eine Eindringtiefe von etwa 1 mm. Die Tatsache, dass diese Werte deutlich besser als die der lichtstarken Faser sind, ist auf den ersten Blick überraschend, da in beiden Fällen annähernd gleiche Lichtleistungen auf die Probe gestrahlt werden. Es muss jedoch berücksichtigt werden, dass im Fall des proximalen Scanaufbaus die Faserendfläche als Referenz verwendet wird und damit die Referenzintensität hier deutlich niedriger ist. Andererseits verfügt die Fasersonde über keine Strahlformungsoptik an der distalen Spitze, sodass dessen Fähigkeit, Licht zu sammeln und in den Faserkern wieder einzukoppeln beschränkt ist. Das Problem der geringeren Interferenzkontraste scheint daher in der Auslegung des Rückwegs von der Probe zum Detektor zu liegen.

6.5 Zwischenfazit

In diesem Kapitel wurde das im Rahmen dieser Arbeit entwickelte Systemkonzept eines proximal scannenden OCT-Systems praktisch umgesetzt und untersucht. Gemäß der erarbeiteten Spezifikationen wurden die Komponenten des optischen Aufbaus ausgelegt und ein Vorgehen für die Kalibrierung und den Betrieb des Messsystems festgelegt. Ziel der Untersuchungen war es einerseits, die Funktionalität des Konzepts zu demonstrieren sowie dessen technische Grenzen und Randbedingungen zu untersuchen, um so eine Beantwortung der Forschungsfragen

- Kann ein OCT-System für die prozessintegrierte Prüfung von Hautmodellen realisiert werden?
  - Wie müssen die Systemkomponenten (OCT-System, Messsonde, etc.) ausgelegt sein, um einer biotechnologischen Produktionsumgebung Rechnung zu tragen?
  - Welche Leistungsdaten weist ein solches System auf?

zu ermöglichen.

In einem ersten Schritt wurde betrachtet, inwiefern das System die grundlegende Aufgabe, nämlich das Anfahren und Auslesen einzelner Singlemodefasern eines Sondenbündels, erfüllt. Dazu wurde ein Vorgehen zur Kalibrierung des Systems umgesetzt und anschließend untersucht, mit welcher Wiederholpräzision die Positionen der einzelnen Faserkerne im Rahmen dieses Kalibriervorgangs ermittelt werden. Die Messungen zeigten, dass detektierten Faserpositionen je nach Faser um 0,06 µm bis 0,53 µm um den Mittelwert gestreut waren. Bei einem Faserkerndurchmesser von etwa 5 µm liegen diese Wiederholgenauigkeiten in einem akzeptablen Bereich. Es zeigte sich jedoch eine systematische Ortsabhängigkeit der Qualität der Fasersuche. Dies wurde auf Aberrationen infolge einer nicht optimalen Ausrichtung der optischen Komponenten oder einem unebenen Schliff der proximalen Sondenendfläche zurückgeführt. Weiterhin wurde gezeigt, dass der zweite Kalibrierschritt zur Zuordnung der Fasern an beiden Sondenenden weitgehend fehlerfreie Ergebnisse liefert.

Eine Messung der Einkoppeleffizienzen für jede Faser lieferte Werte im Bereich von 6% - 50% bei einem Mittelwert von etwa 30%. Diese Werte blieben auch über mehrere Stunden weitgehend stabil, sodass davon ausgegangen werden kann, dass das System über einen längeren Zeitraum ohne Re-Kalibrierung betrieben werden kann. Bei dem sequenziellen Auslesen der

Fasern wurden Scangeschwindigkeiten von bis zu 2000 Hz ohne signifikantem Abfall der eingekoppelten Leistung erreicht. Dies entspricht bei einem Faserbündel mit 100 Fasern einer Bildrate von 20 Hz. Diese Leistungswerte sind stark abhängig von dem mittleren Verfahrweg, den der Faseradressierer zwischen zwei Faserpositionen zurück legen muss. Eine Optimierung des Scanwegs ist daher notwendig, um das volle Potenzial des Systems ausschöpfen zu können.

Abschließend wurde anhand von OCT-Messungen an technischen und biologischen Proben gezeigt, dass eine Bildgebung mit diesem System möglich ist. Während aber stark reflektierende Flächen gut im B-Scan sichtbar sind, zeigten die einzelnen Spalten der OCT-Bilder von biologischem Gewebe starke Intensitätsschwankungen. Dies kann direkt auf die variierenden Einkoppeleffizienzen der Fasern zurück geführt werden. Während Einzelfasern mit einer hohen Einkoppeleffizienz A-Scans lieferten, die denen des Freistrahlaufbaus aus Kapitel 5 in Signalamplitude und Eindringtiefe annähernd ähnlich waren, zeigten einzelne Fasern nur kaum auswertbare Interferenzsignale. Die grundsätzliche Machbarkeit dieses Systemkonzepts scheint demnach gegeben zu sein, auch wenn im Rahmen dieser Versuche das volle Potenzial aufgrund technischer Randbedingungen nicht realisiert werden konnte.

Zwecks Beantwortung der Forschungsfrage lässt sich demnach zusammenfassend sagen, dass mit dem hier beschriebenen Aufbau die Realisierung eines OCT-Systems zur prozessintegrierten Prüfung von künstlichen Hautmodellen möglich ist. Dabei wurde demonstriert, dass für eine Fasersonde mit 100 Fasern Bildraten von bis zu 20 Hz bei Einkoppeleffizienzen von bis zu 50% erreicht werden können. Um diese Kennwerte im vollen Umfang erreichen zu können, ist jedoch eine engere Tolerierung des opto-mechanischen Aufbaus notwendig. Weiterhin sollte in Zukunft geprüft werden, inwiefern die Lichtausbeute durch ein leistungsstärkeres OCT-Gerät oder durch Integration von strahlformenden Elementen in die distale Sondenspitze weiter gesteigert werden kann.

Kapitel 7

Zusammenfassung

Ziel der vorliegenden Arbeit war es festzustellen, ob die optische Kohärenztomographie (OCT) zur zerstörungsfreien Prüfung von Tissue Engineering Produkten eingesetzt werden kann. Diese Fragestellung wurde aus einem aus einem konkreten gesellschaftlichem und wirtschaftlichem Bedarf für ein automatisierbares, nichtinvasives Prüfverfahren für die Biotechnologie heraus motiviert. Durch Aufarbeitung des Stands der Forschung konnte festgestellt werden, dass die Einsatzmöglichkeiten der OCT im zur Überwachung der Kultivierung von Tissue Engineering bislang nur lückenhaft untersucht wurden, und dass derzeit keine Konzepte zur Integration dieser Messtechnik in eine biotechnologische Produktionsumgebung beschrieben sind. Dies gilt insbesondere für künstliche Hautmodelle, die als eines der wenigen Tissue Engineering Produkte bereits kommerziell vertrieben werden, aber derzeit noch manuell hergestellt werden.

Vor diesem Hintergrund wurden zwei zentrale Forschungsfragen aufgestellt: „Eignet sich die OCT zur Qualitätsprüfung von künstlichen Hautmodellen?“ und „Wie muss ein System zur prozessintegrierten Messung ausgelegt werden?“. Zur Beantwortung dieser Fragen wurde in einem ersten Schritt der Stand der OCT-Technik aufgearbeitet, um so Vorarbeiten und die derzeitigen technischen Möglichkeiten zu identifizieren. Aus einer Gegenüberstellung der Anforderungen und den technischen Freiheitsgraden wurde daraufhin ein OCT-System zur Prüfung von künstlichen Hautmodellen konzipiert.

Dieses System besteht aus einem Fourier-Domain-OCT-Gerät, das an eine faseroptische Messsonde gekoppelt ist. Die Sonde selbst ist ein Faserbündel aus 100 linear angeordneten Fasern, die durch einen zwischengeschalteten Faseradressierer einzeln ausgelesen werden können. Mit dieser proximal scannenden Konfiguration soll erreicht werden, dass nur passive Komponenten des Messsystems in die aggressive Kultivierungsumgebung eingebracht werden müssen und somit die elektro-optischen Module keine Funktionsbeeinträchtigung oder Beschädigung erfahren.

Dieses Systemkonzept wurde im Rahmen einer Laboraufbaus umgesetzt, um anhand von Messreihen die oben aufgeführten Forschungsfragen beantworten zu können. Erste Untersuchungen zielten darauf ab, die grundsätzliche Darstellbarkeit von künstlichen Hautmodellen mit der Fourier-Domain-OCT zu bewerten. Dabei konnte gezeigt werden, dass mit dem gewählten OCT-Gerät eine Bildgebung dieser Proben in der Tat möglich ist. Bei Eindringtiefen von bis zu 1 mm konnten innere Strukturen und Defekte detektiert werden, die üblicherweise nur mittels zerstörender Verfahren erkennbar gewesen wären. Auch die Darstellung der unterschiedlichen Schichten der Hautproben wurde grundsätzlich gezeigt, auch wenn hier weitere Untersuchungen zur Erforschung der Zusammenhänge zwischen Probenwachstum und OCT-Darstellung notwendig sind.

Darüber hinaus wurden die Eigenschaften des faseroptischen Messsystems hinsichtlich Scanraten und Abbildungsleistung untersucht. Die Messergebnisse zeigten, dass das gewählte Systemkonzept für einen Einsatz in einer biotechnologischen Kultivierungsumgebung geeignet ist. Dabei konnte die Aufnahme von OCT-Daten mit Bildraten von 20 Hz erreicht werden. Obwohl die Bildgebungsqualität dieser OCT-Aufnahmen schlechter als die eines Freistrahlaufbaus war, ist davon auszugehen, dass durch eine optimierte Auswahl und Fertigung der Komponenten eine befriedigende Abbildungsleistung erreicht werden kann. Primär besteht Verbesserungsbedarf an der geringen Lichtleistung des Systems, die durch stärkere Lichtquellen und ein optimiertes optisches Design des Faseradressieres in Zukunft erreicht werden könnte.

Neben der Anwendung dieser Ergebnisse im Tissue Engineering ergeben sich weitere Verwertungsmöglichkeiten für das entwickelte Systemkonzept. So ist es beispielsweise denkbar, die faseroptische Messsonde für einen medizinischen Einsatz anzupassen, um so während endoskopischen Eingriffen diagnostische Informationen über ein Gewebeareal zu erhalten. Aber auch in den Ingenieurswissenschaften sind Anwendungsfelder denkbar, etwa bei der Mikroformprüfung an schwer erreichbaren Bauteilarealen. Aufgrund der Modularität des Gesamtsystems könnte in diesem Fall der Faseradressierer ohne große Modifikation in Kombination mit einem klassischen, weißlichtinterferometrischen Messsystem betrieben werden. Denkbar ist letztlich auch eine Verwendung des Adressierers als Multiplexereinheit, um Netzwerke aus einzelnen optischen Sonden mit einer einzigen Auswerteeinheit zu verkoppeln.

Anhang A

Einschaltcharakteristik der SLD

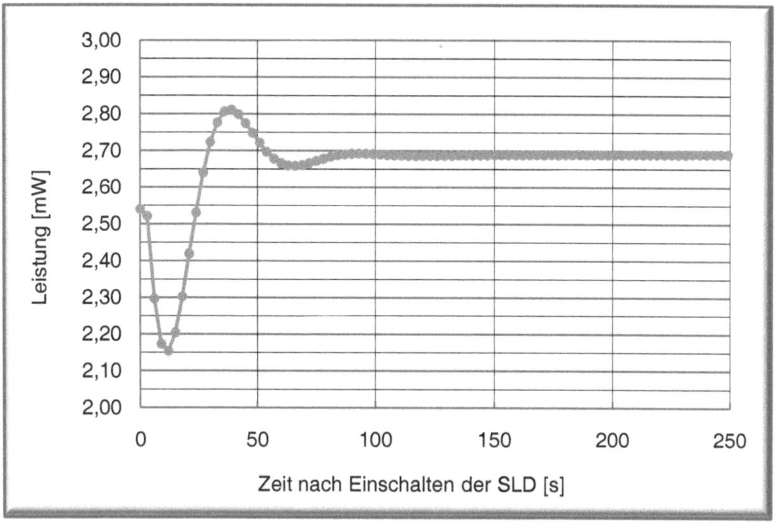

Abbildung A.1: Einschaltverhalten der Superlumineszenzdiode

Anhang B

Kalibrierung der Photodiode

Bei vier Fasern werden Spannungen an der Photodiode und die dazugehörigen gemessenen optischen Leistungen aufgenommen. Aus diesen vier Kurven wird ein Mittel gebildet (schwarze Kurve). Daraus ergibt sich die Umrechnung von Spannung in Lichtleistung:

Lichtleistung [mW] = 0,1076 * Spannung [V] - 0,0129

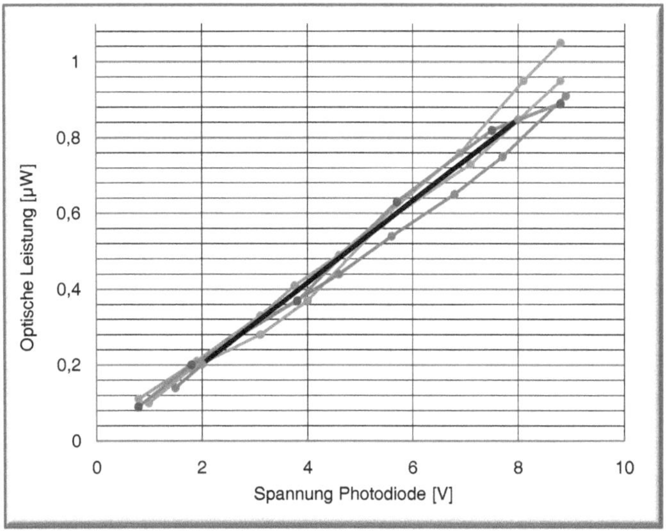

Abbildung B.1: Kalibrierung der Photodiode

Anhang C

Matlab-Auswertung der OCT-Daten

Anbei folgt der Matlab-Code, der in Kapitel 5 zum Einsatz kam, um die OCT-Bilder der Hautmodelle hinsichtlich ihrer Materialeigenschaften auszuwerten.

```
function f=AuswertungKollagengele()

[FileName,PathName] = uigetfile('*.txt','OCT-Messdaten␣auswählen');

if [FileName,PathName]== 0
    return
end

datei = sprintf('%s%s',PathName, FileName)
dateiw = sprintf('%s.dat',datei);

if ~exist(dateiw)

    fid=fopen(datei);
    fidw = fopen(dateiw, 'w')

    while 1
        tline = fgetl(fid);
        if ~ischar(tline),   break,   end
        str = strrep(tline, ',', '.');
        count = fprintf(fidw, '%s\n', str);
```

```
    end
    fclose(fid);
    fclose(fidw);
end

bild=dlmread(dateiw,'\t');
temp=bild';

for z = 1:2

    fBild=medfilt2(temp, [5 5]);
    temp=fBild;

end

fBildK=abs(fBild-30);
gr = size(fBildK);

figure('Name',FileName,'NumberTitle','off','Position',[0, 0, 500, 1000])
subplot(2,2,1:2)
imagesc(fBildK)
colormap gray
title({'OCT␣B-Scan'; '(2fache␣5␣x␣5␣Medianfilterung)'})

YY=0;
X=[31.8:3.18:636]';

%Skalierung der X-Achse

if rem(gr(2),2)==1
    mitte=0.5*(gr(2)+1);
else
    mitte=0.5*gr(2);
end

[a b]=max(fBildK(:,mitte));
```

```
start=(1-b)*3.18;
stop=(gr(1)-b)*3.18;
XX=start:3.18:stop;

for i=1:gr(2)

    [M maxS]=max(fBildK(1:100,i));
    Y=fBild(maxS+10:maxS+200,i);
    A=[X,ones(length(X),1)];
    b=A\Y;

    subplot(2,2,3)
    plot(XX,fBild(:,i));
    YY=YY+fBild(:,i);

hold on;

    Intensitaetsabfall(i)=abs(b(1));
    h(i)=b(2);
end

mittel = mean(Intensitaetsabfall);
stand = std(Intensitaetsabfall);

H=mean(h);
YY=YY/gr(2);
G=H-X*mittel;

%Median
plot(X,b(1)*Y,'-y','LineWidth',2)

%Mittelwert
plot(XX,YY,'-r','LineWidth',2)

%Median
plot(XX,fBild(:,mitte),'-y','LineWidth',2)

```

```
%Ausgleichsgerade
plot(X,G,'-g','LineWidth',3)

%Formatierung der Graphik
title({'A-Scans'; 'Rot:␣Mittelwert'})
axis([-150 800 35  70])
xlabel('Z␣/␣[\textmu␣m]')
ylabel('I␣/␣[dB]')
title({'A-Scans';'Rot:␣Mittelwert␣';'Gelb:␣Median';'Grün:␣Ausgleichsgerade'});

hold off;

%Histogramm
xxx = 0:0.002:0.05;
subplot(2,2,4)
hist(Intensitaetsabfall,xxx);
xlim([0 0.05])
title({['Mittlerer␣Intensitätsabfall:␣',num2str(mittel),'␣[dB/\textmu␣m]'];['Standardabweichung:␣',num2str(stand),'␣[dB/\textmu␣m]']});
```

Literaturverzeichnis

[AW05] ARCHER, Richard ; WILLIAMS, David J.: Why tissue engineering needs process engineering. In: *nature biotechnology* 23 (2005), Nr. 11, S. 1353–1355

[BEBN81] BELL, E. ; EHRLICH, H. P. ; BUTTLE, D. J. ; NAKATSUJI, T.: Living tissue formed in vitro and accepted as skin-equivalent tissue of full thickness. In: *Science* 211 (1981), Nr. 4486, S. 1052–1054

[BGG+02] BAGAYEV, Sergey N. ; GELIKONOV, Valentin M. ; GELIKONOV, Grigory V. ; KARGAPOLTSEV, Evgeny S. ; KURANOV, Roman V. ; RAZHEV, Alexander M. ; TURCHIN, Ilya V. ; ZHUPIKOV, Andrey A.: Optical coherence tomography for in situ monitoring of laser corneal ablation. In: *J. Biomed. Opt.* 7 (2002), Nr. 4, S. 633–642

[BH88] BOYCE, Steven T. ; HANSBROUGH, J F.: Biologic attachment, growth, and differentiation of cultured human epidermal keratinocytes on a graftable collagen and chondroitin-6-sulfate substrate. In: *Surgery* 103 (1988), S. 421–431

[BH04] BOHREN, Craig F. ; HUFFMAN, Donald R.: *Absorption and scattering of light by small particles.* [Repr.]. Weinheim : Wiley-VCH, 2004. – ISBN 047105772X

[BIRC03] BOCK, Anne-Kathrin ; IBARRETA, Dolores ; RODRIGUEZ-CEREZO, Emilio ; EUROPÄISCHE KOMMISION (Hrsg.): *Human tissue-engineered products - Today's markets and future prospects: European Commission Joint Research Centre (DG JRC) Report EUR 21000 EN.* 2003

[BRC05] BOCK, Anne-Kathrin ; RODRIGUEZ-CEREZO, Emilio ; EUROPÄISCHE KOMMISION (Hrsg.): *Human tissue-engineered products: Potential socio-economic impacts of a new European regulatory framework for authorisation, supervision and vigilance: European Commission Joint Research Centre (DG JRC) Technical Report EUR 21838 EN.* 2005

[Bre06] BREZINSKI, Mark E.: *Optical Coherence Tomography: Principles and Application.* Elsevier Inc., 2006

[CLG+04] CHU, Constance R. ; LIN, Diana ; GEISLER, Jessica L. ; CHU, Charleen T. ; FU, Freddie H. ; PAN, Yingtian: Arthroscopic Microscopy of Articular Cartilage Using Optical Coherence Tomography. In: *American Journal of Sports Medicine* 32 (2004), Nr. 3, S. 699–709

[CLM86] CUONO, Charles ; LANGDON, Robert ; MCGUIRE, Joseph: Use of cultured epidermal autografts and dermal allografts as skin replacement after burn injury. In: *The Lancet* 327 (1986), Nr. 8490, S. 1123–1124. – ISSN 0140–6736

[CLT+06] CEBOTARI, Serghei ; LICHTENBERG, Artur ; TUDORACHE, Igor ; HILFIKER, Andres ; MERTSCHING, Heike ; LEYH, Rainer ; BREYMANN, Thomas ; KALLENBACH, Klaus ; MANIUC, Liviu ; BATRINAC, Aurel ; REPIN, Oleg ; MALIGA, Oxana ; CIUBOTARU, Anatol ; HAVERICH, Axel: Clinical Application of Tissue Engineered Human Heart Valves Using Autologous Progenitor Cells. In: *Circulation* 114 (2006), Nr. 1-suppl, S. I–132–137

[CMWS92] CLIVAZ, X. ; MARQUIS-WEIBLE, F. ; SALATHÉ, R. P.: High-resolution reflectometry in biological tissues. In: *Optics Letters* 17 (1992), S. 4–6

[CSF97] CHINN, S. ; SWANSON, E. ; FUJIMOTO, J.: Optical coherence tomography using a frequency-tunable optical source. In: *Optics Letters* 22 (1997), S. 340–342

[Deu08] DEUTSCHE STIFTUNG ORGANTRANSPLANTATION (Hrsg.): *Organspende und Transplantation in Deutschland - Jahresbericht 2008 der Deutschen Stiftung Organtransplantation DSO.* Frankfurt/Main, 2008

[DKL+06] DANILTCHENKO, D. ; KÖNIG, F. ; LANKENAU, E. ; SACHS, M. ; KRISTIANSEN, G. ; HÜTTMANN, G. ; SCHNORR, D.: Anwendung der optischen Kohärenztomographie (OCT) bei der Darstellung von Urothelerkrankungen der Harnblase. In: *Der Radiologe* 46 (2006), Nr. 7, S. 584–589

[DLPS07] DEPIEREUX, Frank ; LEHMANN, Peter ; PFEIFER, Tilo ; SCHMITT, Robert: Fiber-optical sensor with miniaturized probe head and nanometer accuracy based on spatially modulated low-coherence interferogram analysis. In: *Appl. Opt.* 46 (2007), Nr. 17, S. 3425–3431

[DMK+99] DREXLER, W. ; MORGNER, U. ; KÄRTNER, F. X. ; PITRIS, C. ; BOPPART, S. A. ; LI, X. D. ; IPPEN, E. P. ; FUJIMOTO, J. G.: In vivo ultrahigh-resolution optical coherence tomography. In: *Opt. Lett.* 24 (1999), Nr. 17, S. 1221–1223

[DPG+99] DUNKERS, Joy P. ; PARNAS, Richard S. ; G.ZIMBA, Carl ; PETERSON, Richard C. ; FLYNN, Kathleen M. ; FUJIMOTO, James G. ; BOUMA, Brett E.: Optical coherence tomography of glass reinforced polymer composites. In: *Composites Part A: Applied Science and Manufacturing* 30 (1999), Nr. 2, S. 139–145. – ISSN 1359–835X

[DPS+01] DUNKERS, Joy P. ; PHELAN, Frederick R. ; SANDERS, Daniel P. ; EVERETT, Matthew J. ; GREEN, William H. ; HUNSTON, Donald L. ; PARNAS, Richard S.: The application of optical coherence tomography to problems in polymer matrix composites. In: *Optics and Lasers in Engineering* 35 (2001), Nr. 3, S. 135–147

[DSH+03] DREXLER, Wolfgang ; SATTMANN, Harald ; HERMANN, Boris ; KO, Tony H. ; STUR, Michael ; UNTERHUBER, Angelika ; SCHOLDA, Christoph ; FINDL, Oliver ; WIRTITSCH, Matthias ; FUJIMOTO, James G. ; FERCHER, Adolf F.: Enhanced Visualization of Macular Pathology With the Use of Ultrahigh-Resolution Optical Coherence Tomography. In: *Arch Ophthalmol* 121 (2003), Nr. 5, S. 695–706

[DSJ+01] DREXLER, W. ; STAMPER, D. ; JESSER, C. ; LI, X. ; PITRIS, C. ; SAUNDERS, K. ; MARTIN, S. ; LODGE, M. B. ; FUJIMOTO, J. G. ; BREZINSKI, M. E.: Correlation of collagen organization with polarization sensitive imaging of in vitro cartilage: implications for osteoarthritis. In: *The Journal of Rheumatology* 28 (2001), Nr. 6, S. 1311–1318

[Due88] DUEMMLER, W.: *Bestimmung von Hämoglobin-Oxygenierung und relativer Hämoglobin-Konzentration in biologischen Systemen durch Auswertung von Remissionsspektren mit Hilfe der Kubelka-Munk-Theorie*, Universität Erlangen-Nürnberg, Diss., 1988

[Ebe06] EBERLEIN, Dieter: *Lichtwellenleiter-Technik: Mit 50 Tabellen.* 6., neu bearb. und erw. Aufl. Renningen : expert-Verl., 2006. – ISBN 3816926029

[Eur99] EUROPÄISCHE KOMMISION ; EUROPÄISCHE KOMMISION (Hrsg.): *Leitfaden für die gute Herstellungspraxis: Band 4 - Humanarzneimittel und Tierarzneimittel.* 1999

[FAW+07] FEDOROVICH, Natalja E. ; ALBLAS, Jacqueline ; WIJN, Joost R. ; HENNINK, Wim E. ; VERBOUT, Ab J. ; DHERT, Wouter J. A.: Hydrogels as Extracellular Matrices for Skeletal Tissue Engineering: State-of-the-Art and Novel Application in Organ Printing. In: *Tissue Engineering* 13 (2007), Nr. 8, S. 1905

[FDHL03] FERCHER, A. F. ; DREXLER, W. ; HITZENBERGER, C. K. ; LASSER, T.: Optical coherence tomography - principles and applications. In: *Reports on Progress in Physics* 66 (2003), S. 239–303

[FHD+93] FERCHER, A. F. ; HITZENBERGER, C. K. ; DREXLER, W. ; KAMP, G. ; SATTMANN, H.: In vivo optical coherence tomography. In: *American journal of ophthalmology* 116 (1993), Nr. 1, S. 113–114

[FMW88] FERCHER, A.F. ; MENGEDOHT, K. ; WERNER, W.: Eye-length measurement by interferometry with partially coherent light. In: *Optics Letters* 13 (1988), S. 186–188

[FRSG98] FELDCHTEIN, F. ; REITZE, D. ; SERGEEV, A. ; GELIKONOV, V.: In vivo OCT imaging of hard and soft tissue of the oral cavity. In: *Optics Express* 3 (1998), S. 239–250

[HB02] HOERAUF, Hans ; BIRNGRUBER, Reginald: Optical Coherence Tomography in the Anterior Segment of the Eye. In: BOUMA, Brett E. (Hrsg.) ; TEARNEY, Guillermo J. (Hrsg.): *Handbook of Optical Coherence Tomography.* New York : Marcel Dekker, 2002. – ISBN 0–8247–0558–0, S. 487–503

[HBCF89] HANSBROUGH, J F. ; BOYCE, Steven T. ; COOPER, M L. ; FOREMAN, T J.: Burn wound closure with cultured autologous keratinocytes and fibroblasts attached to a collagen-glycosaminoglycan substrate. In: *The Journal of the American Medical Association* 262 (1989), S. 2125–2130

[Hec05] HECHT, Eugene: *Optik.* 4. München : Oldenbourg, 2005

[HL98] HÄUSLER, G. ; LINDNER, M. W.: Coherence radar and spectral radar - new tools for dermatological diagnosis. In: *J. Biomed. Opt.* 3 (1998), Nr. 1, S. 21–31

[HSL+91] HUANG, D. ; SWANSON, E. A. ; LIN, C. P. ; SCHUMAN, J. S. ; STINSON, W. G. ; CHANG, W. ; HEE, M. R. ; FLOTTE, T. ; GREGORY, K. ; PULIAFITO, C. A. ; FUJIMOTO, J. G.: Optical coherence tomography. In: *Science* 254 (1991), S. 1178–1181

[HSL+07] HUTMACHER, D W. ; SCHANTZ, J T. ; LAM, C ; TAN, K C. ; LIM, T C.: State of the art and future directions of scaffold-based bone engineering from a biomaterials perspective. In: *Journal of Tissue Engineering and Regenerative Medicine* 1 (2007), Nr. 4, S. 245–260. – ISSN 1932–7005

[IKW+96] IZATT, J. A. ; KULKARNI, D. ; WANG, H. W. ; KOBAYASHI, K. ; SIVAK, M. V.: Optical coherence tomography and microscopy in gastrointestinal tissues. In: *IEEE J. Select. Topics Quantum Electron.* 2 (1996), S. 1017–1028

[JMA+07] JUNG, W. ; MCCORMICK, D. T. ; AHN, Y.-C. ; SEPEHR, A. ; BRENNER, M. ; WONG, B. ; TIEN, N. C. ; CHEN, Z.: In vivo three-dimensional spectral domain endoscopic optical coherence tomography using a microelectromechanical system mirror. In: *Opt. Lett.* 32 (2007), Nr. 22, S. 3239–3241

[KHH06] KOCH, Peter ; HELLEMANNS, Volker ; HÜTTMANN, Gereon: Linear optical coherence tomography system with extended measurement range. In: *Opt. Lett.* 31 (2006), Nr. 19, S. 2882–2884

[KHS+04] KOCH, Peter ; HÜTTMANN, Gereon ; SCHLEIERMACHER, Hansfrieder ; EICHHOLZ, Jörge ; KOCH, Edmund: Linear optical coherence tomography system with a downconverted fringepattern. In: *Opt. Lett.* 29 (2004), Nr. 14, S. 1644–1646

[Kro04] KROHNE, I.: Faseroptische konfokale Mikroendoskopie für die In-vivo-Diagnostik. In: *Technisches Messen* 71 (2004), Nr. 7-8, S. 427–434

[LAC+07] LUO, Yuan ; ARAUZ, Lina J. ; CASTILLO, Jose E. ; BARTON, Jennifer K. ; KOSTUK, Raymond K.: Parallel optical coherence tomography system. In: *Appl. Opt.* 46 (2007), Nr. 34, S. 8291–8297

[LFCK00] LI, X. ; FUJIMOTO, J. ; CHUDOBA, C. ; KO, T.: Imaging needle for optical coherence tomography. In: *Optics Letters* (2000), S. Vol. 25, No. 20 (2000),1520–1522

[LHH+95] LIVESEY, S A. ; HERNDON, D N. ; HOLLYOAK, M A. ; ATKINSON, Y H. ; NAG, A: Transplanted acellular allograft dermal matrix. Potential as a template for the reconstruction of viable dermis. In: *Transplantation* 60 (1995), S. 1–9

[LLV00] LANZA, Robert P. ; LANGER, Robert ; VACANTI, Joseph: *Principles of Tissue Engineering: Second Edition.* 2. Academic Press, 2000

[LPH+97] LORENZ, Ch ; PETRACIC, A. ; HOHL, H. P. ; WESSEL, L. ; WAAG, K. L.: Early wound closure and early reconstruction. Experience with a dermal substitute in a child with 60 per cent surface area burn. In: *Burns* 23 (1997), Nr. 6, S. 505–508. – ISSN 0305–4179

[LS00] LEMIJ, H. G. (Hrsg.) ; SCHUIMAN, J. S. (Hrsg.): *The Shape of Glaucoma.* Den Haag : Kugler Publications, 2000. – ISBN 978–90–6299–175–4

[Lud08] *Klinische Anwendung von Tissue Engineering.* Wien, 2008 (LBI-HTA Projektbericht 13)

[MMHW08] MEYER, U. ; MEYER, T. ; HANDSCHEL, J. ; WIESMANN, H. P.: *Fundamentals of tissue engineering and regenerative medicine.* 1st ed. New York : Springer, 2008. – ISBN 3540777547

[MMT+04] MASON, C. ; MARKUSEN, J. F. ; TOWN, M. A. ; DUNNILL, P. ; R.WANG, R. K.: The potential of optical coherence tomography in the engineering of living tissue. In: *Physics in Medicine and Biology* 499 (2004), S. 1097–1115

[MSG+08] MAUS, U. ; SCHNEIDER, U. ; GRAVIUS, S. ; MUELLER-RATH, R. ; MUMME, T. ; MILTNER, O. ; BAUER, D. ; NIEDHART, C. ; ANDEREYA, S.: Klinische Drei-Jahres-Ergebnisse der matrixgekoppelten ACT zur Behandlung osteochondraler Defekte am Kniegelenk: Clinical Results after Three Years Use of Matrix-Associated ACT for the Treatment of Osteochondral Defects of the Knee. In: *Z Orthop Unfall* 146 (2008), Nr. 01, S. 31–37

[MSS05] MINUTH, Will W. ; STREHL, Raimund ; SCHUMACHER, Karl: *Tissue engineering: Essentials for daily laboratory work.* Weinheim : Wiley-VCH, 2005. – ISBN 3527311866

[Ner91] NEREM, Robert: Cellular engineering. In: *Annals of Biomedical Engineering* 19 (1991), Nr. 5, S. 529–545

[NG03] NOLL, Michaela ; GRAEVE, Thomas: *European Patennt EP1290145 A2 - Three-dimensional skin model.* 2003

[OMHR+07] OCHS, B. G. ; MUELLER-HORVAT, C. ; ROLAUFFS, B. ; FRITZ, J. ; WEISE, K. ; SCHEWE, B.: Einzeitige Rekonstruktion osteochondraler Defekte am Kniegelenk bei Osteochondrosis dissecans: Treatment of Osteochondritis Dissecans of the Knee: One-Step Procedure with Bone Grafting and Matrix-Supported Autologous Chondrocyte Transplantation. In: *Z Orthop Ihre Grenzgeb* 145 (2007), Nr. 02, S. 146–151

[PFD06] PARASTA, A. M. ; FABIAN, E. ; DUNCKER, G.: Grundlagen der optischen Kohärenztomographie in der Klinischen Glaukomdiagnostik. In: *Klin Monatsbl Augenheilkd* 223 (2006), S. 656–660

[Pfe98] PFEIFER, Tilo: *Fertigungsmeßtechnik.* München : Oldenbourg, 1998. – ISBN 3486242199

[RAJP+03] ROBERTS, M. J. ; ADAMS JR, S. B. ; PATEL, N. A. ; STAMPER, D. L. ; WESTMORE, M. S. ; MARTIN, S. D. ; FUJIMOTO, J. G. ; BREZINSKI, M. E.: A new approach for assessing early osteoarthritis in the rat. In: *Analytical and Bioanalytical Chemistry* 377 (2003), Nr. 6, S. 1003–1006

[Sch99] SCHMITT, Joseph M.: Optical Coherence Tomography (OCT): A Review. In: *IEEE Journal of Selected Topics in Quantum Electronics* 5 (1999), Nr. 4, S. 1205–1215

[SFM+06] SPÖLER, F. ; FÖRST, M. ; MARQUARDT, Y. ; HOELLER, D. ; KURZ, H. ; MERK, H. ; ABUZAHRA, F.: High-resolution optical coherence tomography as a non-destructive monitoring tool for the engineering of skin equivalents. In: *Skin Research and Technology* (2006), Nr. 12, S. 261–267

[SIH+93] SWANSON, E. A. ; IZATT, J. A. ; HEE, M. R. ; HUANG, D. ; LIN, C. P. ; SCHUMAN, J. S. ; PULIAFITO, C. A. ; FUJIMOTO, J. G.: In vivo retinal imaging by optical coherence tomography. In: *Opt. Lett.* 18 (1993), Nr. 21, S. 1864–1866

[SII01] SHIN'OKA, T ; IMAI, Y ; IKADA, Y: Transplantation of a Tissue-Engineered Pulmonary Artery. In: *The New England Journal of Medicine* 344 (2001), Nr. 7, S. 532–533

[SK97] SCHMITT, J. M. ; KNÜTTEL, A.: Model of optical coherence tomography of heterogeneous tissue. In: *J. Opt. Soc. Am. A - Journal of the Optical Society of America A* 14 (1997), S. 1231–1241

[Ska88] SKALAK, Richard: *Tissue engineering: Proceedings of a workshop held at Granlibakken, Lake Tahoe, California, February 26 - 29, 1988.* New York, NY : Liss, 1988. – ISBN 0845147064

[SKB93] SCHMITT, J. M. ; KNÜTTEL, A. ; BONNER, R. F.: Measurement of optical properties of biological tissues by low-coherence reflectometry. In: *Applied Optics* 32 (1993), S. 6032–6042

[SKYE94] SCHMITT, J. M. ; KNÜTTEL, A. ; YADLOWSKY, M. ; ECKHAUS, M. A.: Optical-coherence tomography of a dense tissue: statistics of attenuation and backscattering. In: *Physics in Medicine and Biology* 39 (1994), S. 1705–1720

[SSRB+07] STERN-STRAETER, J ; RIEDEL, F ; BRAN, G ; HOERMANN, K ; GOESSLER, U R.: Advances in Skeletal Muscle Tissue Engineering. In: *In Vivo* 21 (2007), Nr. 3, S. 435–444

[SWE+06] STIFTER, D. ; WIESAUER, K. ; ENGELKE, R. ; AHRENS, G. ; GRÜTZNER, G. ; PIRCHER, M. ; GÖTZINGER, E. ; HITZENBERGER, C.: Optische Kohärenztomografie als neues Werkzeug für die zerstörungsfreie Werkstoffprüfung. In: *tm - Technisches Messen* 74 (2006), Nr. 2, S. 51–56

[TBB+97] TEARNEY, Guillermo J. ; BREZINSKI, Mark E. ; BOUMA, Brett E. ; BOPPART, Stephen A. ; PITRIS, Costas ; SOUTHERN, James F. ; FUJIMOTO, James G.: In Vivo Endoscopic Optical Biopsy with Optical Coherence Tomography. In: *Science* 276 (1997), S. 2037–2039

[Tuc02] TUCHIN, V.: *Handbook of Optical Biomedical Diagnostics.* SPIE, 2002

[UDP84] ULRICH, Hans ; DYLLICK, Thomas ; PROBST, Gilbert J. B.: *Management.* Bern : Haupt, 1984. – ISBN 325803446X

[VN06] VUNJAK-NOVAKOVIC, Gordana: *Culture of cells for tissue engineering.* Hoboken, NJ : Wiley, 2006. – ISBN 0471629359

[Wan02] WANG, R.: Signal degradation by multiple scattering in optical coherence tomography of dense tissue: a Monte Carlo study towards optical clearing of biotissues. In: *Physics in Medicine and Biology* 47 (2002), S. 2281–2299

[WWP+94] WILKINS, L M. ; WATSON, S R. ; PROSKY, S J. ; MEUNIER, S F. ; PARENTEAU, N L.: Development of a bilayered living skin construct for clinical applications. In: *Biotechnology and Bioengineering* 43 (1994), Nr. 8, S. 747–756. – ISSN 1097–0290

[XMG+05] XIE, Tuqiang ; MUKAI, David ; GUO, Shuguang ; BRENNER, Matthew ; CHEN, Zhongping: Fiber-optic-bundle-based optical coherence tomography. In: *Opt. Lett.* 30 (2005), Nr. 14, S. 1803–1805

[XXFP03] XIE, T. ; XIE, H. ; FEDDER, G. K. ; PAN., Y.: Endoscopic Optical Coherence Tomography with a Modified Microelectromechanical Systems Mirror for Detection of Bladder Cancers. In: *Applied Optics* 42 (2003), S. 6422–6426

[YBOS82] YANNAS ; BURKE, J. F. ; ORGILL, D. P. ; SKRABUT, E. M.: Wound tissue can utilize a polymeric template to synthesize a functional extension of skin. In: *Science* 215 (1982), Nr. 4529, S. 174–176

[YDQ+06] YANG, Ying ; DUBOIS, Arnaud ; QIN, Xiang-pei ; LI, Jian ; HAJ, Alicia E. ; WANG, Ruikang K.: Investigation of optical coherence tomography as an imaging modality in tissue engineering. In: *Physics in Medicine and Biology* 51 (2006), Nr. 7, S. 1649–1659

[YSB95] YADLOWSKY, M. ; SCHMITT, J. M. ; BONNER, R. F.: Multiple scattering in optical coherence tomography. In: *Applied Optics* 34 (1995), S. 5699–5707

[YW99] YAO, G. ; WANG, L.: Monte Carlo simulation of an optical coherence tomography signal in homogeneous turbid media. In: *Physics in Medicine and Biology* 44 (1999), S. 2307–2320

In der Reihe **Ergebnisse aus der Produktionstechnik** zuletzt erschienen:

Boßmann, Carsten:
Planung hybrider Portfolios von Lösungsanbietern im Maschinenbau
ISBN: 978-3-98555-349-5
Erscheinungsdatum: 01.07.2026

Schümmelfeder, Sven:
Lebenszyklusorientierte Informationsstrukturierung zur Umsetzung von Produktkreislaufstrategien
ISBN: 978-3-98555-350-1
Erscheinungsdatum: 01.07.2026

Abramowski, Johann-Philip:
Entwicklung eines standardisierten Vorgehensmodells zur Integration manueller, automatisierter und virtueller Quality Gates in produzierenden Unternehmen
ISBN: 978-3-98555-347-1
Erscheinungsdatum: 22.06.2026

Hoeren, Maximilian:
Lernende Algorithmen für die automatisierte aktive Justage optischer Systeme
ISBN: 978-3-98555-345-7
Erscheinungsdatum: 16.06.2026

Klumpen, Niclas:
Einsatz von Formgedächtnislegierung zur Verbesserung des Dämpfungsvermögens von Fräswerkzeugen
ISBN: 978-3-98555-346-4
Erscheinungsdatum: 19.05.2026

Schmid, Tobias:
System- und Prozesstechnologie zur lokalen Beschichtung blechbasierter elektrischer Kontaktbauteile durch Laser-Draht-Mikroauftragschweißen
ISBN: 978-3-98555-339-6
Erscheinungsdatum: 09.04.2026

Zhao, Guifeng:
Methoden zur effizienten und genauen Berechnung der statischen Nachgiebigkeit und der Eigenpaare dünnwandiger Werkstücke
ISBN: 978-3-98555-335-8
Erscheinungsdatum: 09.03.2026

Frey, Christoph:
Gestaltung eines Ökosystems für Netzwerkinnovationen im Werkzeugbau
ISBN: 978-3-98555-329-7
Erscheinungsdatum: 23.02.2026

Westphal, Christian:
Verzahnungsauslegung für Stufenplanetengetriebe
ISBN: 978-3-98555-330-3
Erscheinungsdatum: 11.02.2026

Dehn, Mathias:
Korrektur des thermo-elastischen Maschinenfehlers von Fräsmaschinen mithilfe von künstlichen neuronalen Netzen und maschineninternen Daten
ISBN: 978-3-98555-326-6
Erscheinungsdatum: 23.02.2026

Edition Wissenschaft
Apprimus

Buchholz, Philip:
Entwicklung und Evaluierung eines neuartigen Recyclingverfahrens für thermoplastische Tapes
ISBN: 978-3-98555-327-3
Erscheinungsdatum: 03.02.2026

Kiesewetter-Marko, Caroline:
Verwendung von Zementbeton für dynamisch belastete Strukturbauteile von Werkzeugmaschinen
ISBN: 978-3-98555-322-8
Erscheinungsdatum: 27.01.2026

Bergs, Christian:
Untersuchung von Werkzeugschnittstellen für Fräsmaschinen unter Betriebsbedingungen
ISBN: 978-3-98555-320-4
Erscheinungsdatum: 13.01.2026

Maetschke, Jan:
Wirtschaftliche Leistungssteigerung von Produktionslinien
ISBN: 978-3-98555-316-7
Erscheinungsdatum: 09.12.2025

Blanke, Philipp:
Temporäre Automatisierung von Werkzeugmaschinen
ISBN: 978-3-98555-314-3
Erscheinungsdatum: 24.11.2025

Beckschulte, Sebastian:
Gestaltungsmodell zur Systematisierung der Fehlerdatenerfassung im manuellen Montageprozess
ISBN: 978-3-98555-311-2
Erscheinungsdatum: 17.11.2025

Schäfer, Jan Marvin:
Digitale Auftragsnachverfolgung auf dem Shopfloor additiver Produktionssysteme
ISBN: 978-3-98555-332-7
Erscheinungsdatum: 03.02.2026

Niwar, Lea:
Methodik zur Arbeitsvorbereitung mittels Maschinensteuerungs- und Sensordaten für extrusionsbasierte additive Verfahren
ISBN: 978-3-98555-315-0
Erscheinungsdatum: 13.01.2026

Wiesch, Marian:
Lernende Prozesskraftmodellierung zur Planung und Überwachung in der Einzelteilfertigung für Fräsanwendungen
ISBN: 978-3-98555-324-2
Erscheinungsdatum: 13.01.2026

Slawik, Viktor:
Datenbasierte Analyse vernetzter natürlich sprachlicher Anforderungen in der Produktentwicklung
ISBN: 978-3-98555-313-6
Erscheinungsdatum: 24.11.2025

de Oliveira Löhrer, Patrícia:
Influence of Material Removal Mechanisms on Thermo-Mechanical Loads in Continuous Generating Gear Grinding
ISBN: 978-3-98555-309-9
Erscheinungsdatum: 17.11.2025

Zalfen, Moritz:
Einfluss der Dehnrate auf die Zahnfußtragfähigkeit schnelllaufender Zahnradgetriebe
ISBN: 978-3-98555-308-2
Erscheinungsdatum: 03.11.2025

Edition Wissenschaft
Apprimus

FSC
www.fsc.org
MIX
Papier | Fördert gute Waldnutzung
FSC® C083411

Kolibri 360 GmbH
Ferdinand-Jühlke-Straße 7
99095 Erfurt, Deutschland
produktsicherheit@kolibri360.de